科学史译丛

新物理学的诞生

〔美〕I. 伯纳德 · 科恩 著

张卜天 译

I. Bernard Cohen

THE BIRTH OF A NEW PHYSICS

根据诺顿出版公司 1985 年版译出

《科学史译丛》总序

现代科学的兴起堪称世界现代史上最重大的事件，对人类现代文明的塑造起着极为关键的作用，许多新观念的产生都与科学变革有着直接关系。可以说，后世建立的一切人文社会学科都蕴含着一种基本动机：要么迎合科学，要么对抗科学。在不少人眼中，科学已然成为历史的中心，是最独特、最重要的人类成就，是人类进步的唯一体现。不深入了解科学的发展，就很难看清楚人类思想发展的契机和原动力。对中国而言，现代科学的传入乃是数千年未有之大变局的中枢，它打破了中国传统学术的基本框架，彻底改变了中国思想文化的面貌，极大地冲击了中国的政治、经济、文化和社会生活，导致了中华文明全方位的重构。如今，科学作为一种新的"意识形态"和"世界观"，业已融入中国人的主流文化血脉。

科学首先是一个西方概念，脱胎于西方文明这一母体。通过科学来认识西方文明的特质、思索人类的未来，是我们这个时代的迫切需要，也是科学史研究最重要的意义。明末以降，西学东渐，西方科技著作陆续被译成汉语。20 世纪 80 年代以来，更有一批西方传统科学哲学著作陆续得到译介。然而在此过程中，一个关键环节始终阙如，那就是对西方科学之起源的深入理解和反思。应该说直到

20世纪末，中国学者才开始有意识地在西方文明的背景下研究科学的孕育和发展过程，着手系统译介早已蔚为大观的西方科学思想史著作。时至今日，在科学史这个重要领域，中国的学术研究依然严重滞后，以致间接制约了其他相关学术领域的发展。长期以来，我们对作为西方文化组成部分的科学缺乏深入认识，对科学的看法过于简单粗陋，比如至今仍然意识不到基督教神学对现代科学的兴起产生了莫大的推动作用，误以为科学从一开始就在寻找客观"自然规律"，等等。此外，科学史在国家学科分类体系中从属于理学，也导致这门学科难以起到沟通科学与人文的作用。

有鉴于此，在整个20世纪于西学传播厥功至伟的商务印书馆决定推出《科学史译丛》，继续深化这场虽已持续数百年但还远未结束的西学东渐运动。西方科学史著作汗牛充栋，限于编者对科学史价值的理解，本译丛的著作遴选会侧重于以下几个方面：

一、将科学现象置于西方文明的大背景中，从思想史和观念史角度切入，探讨人、神和自然的关系变迁背后折射出的世界观转变以及现代世界观的形成，着力揭示科学所植根的哲学、宗教及文化等思想渊源。

二、注重科学与人类终极意义和道德价值的关系。在现代以前，对人生意义和价值的思考很少脱离对宇宙本性的理解，但后来科学领域与道德、宗教领域逐渐分离。研究这种分离过程如何发生，必将启发对当代各种问题的思考。

三、注重对科学技术和现代工业文明的反思和批判。在西方历史上，科学技术绝非只受到赞美和弘扬，对其弊端的认识和警惕其实一直贯穿西方思想发展进程始终。中国对这一深厚的批判传统仍不甚了解，它对当代中国的意义也毋庸讳言。

四、注重西方神秘学(esotericism)传统。这个鱼龙混杂的领域类似于中国的术数或玄学，包含魔法、巫术、炼金术、占星学、灵知主义、赫尔墨斯主义及其他许多内容，中国人对它十分陌生。事实上，神秘学传统可谓西方思想文化中足以与"理性"、"信仰"三足鼎立的重要传统，与科学尤其是技术传统有密切的关系。不了解神秘学传统，我们对西方科学、技术、宗教、文学、艺术等的理解就无法真正深入。

五、借西方科学史研究来促进对中国文化的理解和反思。从某种角度来说，中国的科学"思想史"研究才刚刚开始，中国"科"、"技"背后的"术"、"道"层面值得深究。在什么意义上能在中国语境下谈论和使用"科学"、"技术"、"宗教"、"自然"等一系列来自西方的概念，都是亟待界定和深思的论题。只有本着"求异存同"而非"求同存异"的精神来比较中西方的科技与文明，才能更好地认识中西方各自的特质。

在科技文明主宰一切的当代世界，人们常常悲叹人文精神的丧失。然而，口号式地呼吁人文、空洞地强调精神的重要性显得苍白无力。若非基于理解，简单地推崇或拒斥均属无益，真正需要的是深远的思考和探索。回到西方文明的母体，正本清源地揭示西方科学技术的孕育和发展过程，是中国学术研究的必由之路。愿本译丛能为此目标贡献一份力量。

张卜天

2016年4月8日

本书献给德雷克(Stillman Drake)、伽鲁齐(Paolo Galuzzi)、韦斯特福尔(Richard S. Westfall)和艾顿(Eric Aiton),他们阐明了伽利略、牛顿、开普勒和莱布尼茨的思想。

目　　录

前　言

《新物理学的诞生》适合普通读者、(研究科学、哲学或历史的)大中学生、历史学家、哲学家以及任何愿意领略科学的勃勃生机和冒险经历的读者阅读。我希望,通过了解科学革命如何达到顶峰,牛顿力学和天体力学如何逐步产生,也能使科学家感到愉快和受益。 xi

本书的目的主要不是介绍通俗的科学史,也不是向一般读者展示新近的科学史研究成果,而是为了从一个侧面探讨那场发生在16、17世纪的伟大的科学革命,澄清近代科学的性质和发展的某些基本方面。一个重要主题是,物理科学环环相扣的结构如何影响了运动科学的形成。我们一再看到,自17世纪以来,物理科学任何一部分的重大调整都必定会引起通盘改变;另一个结论是,孤立地或完全凭借自身去检验或证明科学命题,一般来说是不可能的,每一项检验毋宁说是对相关命题连同整个物理科学体系的确证。

近代科学一直在发生变化,这种动态性是它的主要性质或独特性质。不幸的是,初等教科书和一般科学著作都强调对它的逻辑呈现,这使得学生和读者很难真正理解这种动态性。因此,本书的另一个主要目的是试图表明,某一种观念在改变整个科学结构 xii

方面可能具有怎样的穿透力和深刻影响。

本书不是一部科学的历史，而是关于科学发展中一个重要片段的历史短论，它并没有详细讨论近代动力学或天文学兴起的所有方面。例如，我们只是顺便提及第谷对观测天文学的革新、开普勒的运动概念以及对运动原因的看法。笛卡尔的思想体系，包括基于涡旋的宇宙体系，则完全没有涉及。在许多方面，笛卡尔科学代表着 17 世纪新科学最具革命性的部分。完整的历史叙述还必须包括惠更斯、胡克等重要人物。

我要感谢巴黎高等研究实践学院和普林斯顿高等研究院的亚历山大·柯瓦雷（Alexandre Koyré）对我思想的启发，他是在学术研究中运用历史概念分析的大师。梅杰瑞·霍普·尼科尔森（Majorie Hope Nicolson，哥伦比亚大学）使我们认识到“新天文学”特别是伽利略的望远镜发现的重大思想意义。在十多年的时间里，我曾有幸与马歇尔·克拉盖特（Marshall Clagett，威斯康星大学；普林斯顿高等研究院）、约翰·默多克（John E. Murdoch，哈佛大学）和爱德华·格兰特（Edward Grant）讨论了中世纪科学的许多问题，使我受益匪浅。在近四十年的时间里，爱德华·罗森（Edward Rosen，纽约城市学院）的批评及其学术贡献使我得益甚多。后来，我又从诺埃尔·斯维尔德罗（Noel Swerdlow，芝加哥大学）那里获得了对哥白尼科学的新洞见。我还从阿尔伯特·范·海尔登（Albert Van Helden，莱斯大学）那里了解到关于望远镜历史及其早期应用的许多内容。特别要感谢斯蒂尔曼·德雷克（Stillman Drake），他多年来一直慷慨惠允我阅读他尚未发表的伽xiii 利略研究，回答我的问题，并对本书的打字稿进行了认真审读，先是25年前的第一版，现在是这个修订版。

《新物理学的诞生》的第一版献给我的女儿Frances B. Cohen博士，当时是为一套科学研究丛书所写。这套丛书是物理科学研究委员会所倡议的，旨在以新的方式促进物理学的教学、研究和理解。委员会主席最初是麻省理工学院的Jerrold Zacharias，后来是Francis L. Friedman。该委员会的成员（尤其是Bruce Kingsbury）大大方便了本书第一版的写作；编辑John H. Durston特别为我着想，使我在写书过程中省去了不少时间和精力。美国杰出摄影家Berenice Abbott专为此书拍摄了插图6和插图7，对此我十分欣慰。

本书第一版已经多次重印，曾被译为丹麦文、芬兰文、法文、德文、希伯来文、意大利文、日文、波兰文、西班牙文、瑞典文和土耳其文。最近的意大利文译本又做了重大修订（包括爱德华·罗森提醒我注意的一些修正）。现在，时隔25年后，根据科学史特别是关于伽利略和牛顿的最新发展和发现，我又对正文作了许多修订，补充了许多新材料。但还有一些材料如果加入，可能会导致内容的严重失衡，从而打乱原书的章法节奏。因此，我们把这些材料放在带有编号的附录中（在正文中有所提及），它们对某些关键的学术议题作了扩充，对于对近代物理科学形成的某些重要阶段作出公允判断至关重要。

除了附录，这两版的最大区别体现在对伽利略的处理上。第一版问世后，我们已经得知（首先感谢托马斯·塞特尔[Thomas B. Settle]大胆再现了伽利略的一项著名实验），伽利略描述的实验实际上能够给出他所宣称的结果，学术界的观点也随之产生了重 xiv

大转变。大家不再认为伽利略描述的仅仅是“思想实验”，这些实验他既没有做过，也不可能按照他所描述的方式做，而是开始将伽利略视为实验大师。其次，由于德雷克的学术努力，我们已经认识到，实验对于伽利略表述和验证运动原理的基本思想至关重要。

我非常高兴诺顿出版公司能够出版这个新版。感谢公司的副总 Edwin Barber 对我的著作感兴趣。得知仍然有一个真正“老资格的”出版商珍爱书籍和作者，真是让人欣慰。

I. 伯纳德·科恩

哈佛大学

坎布里奇，马萨诸塞州

1984 年 9 月 18 日

第一章　地动物理学

[3] 或许有些奇怪，大多数人对于运动的看法其实只是两千多年前提出的物理学体系的一部分，而且这个体系至少在1400年以前就被实验证明是有问题的。事实上，即使是今天受过良好教育的人在思考这个物理世界时，也都倾向于把地球看成静止的，而不是运动的。我并不是说这些人“真的”相信地球静止。果真问起来，他们一定会说自己当然“知道”地球每天自转一次，同时每年绕太阳公转一周。然而，如果让他们解释某些普通的物理现象，却无法说明这些现象如何可能在地球运动的情况下发生。这些物理学方面的误解大都集中在落体问题和一般的运动概念上。这恰恰例证了那句古老的格言：“不理解运动，就不理解自然。”

落到何处？

现代人假如无法在地球运动的情况下讨论运动问题，也许会自我解嘲说，古代的大科学家对此同样束手无策。然而，这其中有着巨大的差别：古代科学家无法解决这些问题是时代所致，而现代人缺乏这种能力却是无知的表现。[4] 17世纪对朝天炮木版画（插图1）的描绘可说是这类问题的典型。请注意图中所提的问题：“它是

插图 1 “它还会落回来吗?”这幅取自笛卡尔通信的古老木版画,展示了伽利略的同时代人和朋友梅森神父(Father Mersenne)所提出的一个检验落体行为的实验。他问:“Retombera-t-il?”(炮弹还会落回来吗?)

否会落回原地?”假如地球是静止的,那么竖直向上射出的炮弹最后无疑会竖直落回炮膛。但倘若地球在运动,它还会落回原地吗?如果会,为什么?这幅画实际上描绘了一个更加复杂的运动问题。需要注意的是,很早以前就有人拿竖直上抛或下落的物体的轨道性质来反驳地动观念。

假设地球在运动,那么向上射出的箭在上升和下落时必定随地球一起运动,否则它将落到离弓箭手很远的地方。传统回答可以解释说:由于空气必定随地球一起运动,所以箭在上升和下落时被空气裹挟着一起运动。但反对者也是有备而来:即便假定空气在运动(这一假定其实是有问题的,因为并没有什么显然的原因规定空气必须随地球一起运动),但空气与地球在构成和性质上差异这么大,空气的运动难道不会比地球慢很多吗?那样一来,箭不就被地球甩到后面去了吗?而且,假如地球果真在空间中疾驰,站在塔顶的人当会感觉到多么猛烈的大风!

为了使这些问题更加明确,我们暂时不去考虑地球本身。毕竟,普通人也可以这样回答:至于从塔顶落下的小球在地球运动的情况下为何仍会落在塔底,我也许解释不了,但我的确知道被释放的小球竖直下落,的确知道地球在运动。所以必定存在某种解释,即使我不清楚它是什么。

现在考虑另外一种情形。假设我们能够制造某种快速行进的列车,速度可达每秒钟 20 英里。一个实验者站在列车尾部,比如说最后一节车厢的平台上。当列车以每秒 20 英里的速度前进时,他从口袋里拿出一个重约 1 磅的铁球,将它竖直上抛至 16 英尺高。铁球上升和下落各需大约 1 秒。那么站在列车尾部的这个人 5

走了多远呢？由于他的速度为每秒 20 英里，所以此时他距离抛球处已经有 40 英里了。

此时我们的困惑和那幅朝天炮版画的作者有些相似。我们问，铁球会落到何处？是落到抛出地或抛出地附近，还是落到抛球者手边，以至于几乎可以将它接住，即使火车以每秒 20 英里的速度前进？假如你认为铁球会落在离火车数英里以外的铁路上，那么你显然不了解地动物理学。但是，如果你认为车厢尾部的人会接住这个球，那么你将面临一个问题：这位抛球者只给了球体竖直向上的力，而没有平行于铁轨的力，那么到底是什么"力"使这个球能够以每秒 20 英里的速度前进呢？（如果担心可能有空气摩擦，我们可以假定这个实验在一个密闭的车厢中进行。）

相信铁球在行进的列车上被竖直上抛后仍将直线上升和下降，从而落在列车后面很远的地方，这一信念与另一种关于物体运动的信念密切相关。这两种信念都是两千多年前物理学体系的一部分。如果一个人不能理解物体如何可能在运动的地球上竖直下落，那么他往往也不能确定不同重量的物体下落会发生什么情况，所以我们现在来考察第二个问题。我们都知道，物体在空气中的下落情况跟它的形状有关。这很容易证明。你可以用四根线绑在手帕四角，再用四根线拴上一个小重物，这样就制成了一个降落伞。把手帕揉成一团抛到空中，你会发现它在空气中缓缓飘落。6 现在重新把它揉成一团，不过这次是用丝线把手绢和重物捆扎起来，使之不能在空气中展开，再次把它抛向空中，你会发现它将迅速坠落。重量相同、形状不同的物体下落速度不同。然而，形状相同、重量不同的物体又将发生什么情况呢？假如你站在高塔塔顶或者三层楼上，将形状相同、重量分别为 10 磅和 1 磅的两个球释放，那么哪个球会先到达地面呢？它会比另一个球领先多长时间？如果把这个例子中两个球体的重量分别改为 100 磅和 10 磅，那么下落时间差是否仍然一样？如果分别是 1 毫克和 10 毫克又将如何？

两种回答

物理学认识通常是这样发展的：先是相信，如果 1 磅和 10 磅的球同时下落，那么 10 磅的球会先着地，1 磅的球落地需要 10 倍的时间。之后是更为复杂的阶段，学生可能在初等教科书中得知，这个结论是没有根据的，"正确的"回答应当是两球同时着地，无论其各自重量如何。前一种回答可称为"亚里士多德的"观点，因为它符合古希腊哲学家亚里士多德在公元前 350 年左右提出的物理学原理。后一种回答则例证了"初等教科书的"观点，因为它出现在许多这样的教科书中。有时我们甚至被告知，第二种观点已经由 17 世纪的意大利科学家伽利略所"证明"。这个故事的经典版本是："伽利略在比萨斜塔上同时释放两个大小不同、材料也不同的球。他们（伽利略的朋友和同伴）看见两个铁球一起开始运动，一起下落，并听到它们同时落地。一些人心服口服，另一些人则回去重新查阅亚里士多德的著作，讨论这一显而易见的事。" 7

然而，由 1400 多年前的一个实验我们就可以知道，其实"亚里士多德的"观点和"初等教科书的"观点都是错误的。让我们回到公元 6 世纪，拜占庭学者约翰·菲洛波诺斯（Joannes Philoponus）

正在研究这个问题。他指出，对落体的通常看法与经验相抵触。他采取了一种现在看来相当“现代”的态度，主张基于“实际观察”的论证要比“任何类型的语词论证”有效得多。以下是他基于实验给出的论证：

> 如果从同一高度释放两个重量相差数倍的重物，那么我们就会发现，运动所需时间之比并不取决于重量之比，时间差其实相当小。因此，如果重量差异并不是很大，比如两倍，那么所需时间将没有什么差异，再不然就是小到无法察觉，虽然它们的两倍重量差异绝非微不足道。

在这段论述中，我们找到了表明“亚里士多德”观点错误的实验证据，因为重量有显著差别（如两倍）的物体几乎是同时着地的。不过请注意，菲洛波诺斯同时也暗示，“初等教科书的”的观点可能同样不正确，因为他发现，不同重量的物体从同一高度落下，着地时间会略有差异，这种差异可能小到“无法察觉”。一千年后，荷兰工程师、物理学家兼数学家西蒙·斯台文（Simon Stevin）也做了类似实验。他的描述如下：

> 有违亚里士多德观点的经验是这样的：正如勤勉而博学的自然奥秘探究者德赫罗特先生（Jan Cornets de Groot）和我所做的那样，取两个铅球，其大小和重量均相差 10 倍，将它们从 30 英尺高的地方一齐释放，使之落在木板或明显可以发出声响的东西上。然后就会发现，轻球的下落时间并非重球的

10 倍，而是差不多同时落在木板上，以至于几乎无法辨别声音的先后。 8

斯台文显然更有兴趣证明亚里士多德的错误，而不是力图辨别是否有微小的时间差异。倘若他从更高的地方释放重物，这种差异可能会更加显著。因此，他的报告并不像 6 世纪末菲洛波诺斯的那样精确。他没有考虑小的（但也许是“无法察觉的”）时间差异。

伽利略更加审慎地做了这个实验，他最终的报告如下：

> 我作过检验，我可以肯定地对你说，重量为一两百磅甚至更重的炮弹到达地面时，重量仅为半磅的与之同时下落的滑膛枪子弹并不会落后一大截，倘若两者都是从高度为 200 腕尺的地方落下来的话……大物体超过小物体两英寸，也就是说，当大物体到达地面时，小物体还差两英寸不到。

需要一门新物理学

读者可能仍然会好奇，轻重物体下落的相对速度与地球是否运动有何关系？事实上，与亚里士多德的名字相联系的旧物理学体系，是一个以静止地球为宇宙中心的完备的科学体系。因此，要想用运动的地球来推翻这一体系，就需要有一门新物理学。显然，倘若能够表明旧物理学的不足，由它甚至会导致错误的结论，那么我们就有充分的理由拒绝旧的宇宙体系。反之，要想让人接受一个新的宇宙体系,就需要为之提供一门新物理学。

9 当然,我相信本书的读者必然会接受"现代的"观点,即太阳静止,行星绕太阳运转。现在姑且不论"太阳静止"是什么意思,或者如何证明这一点,我们只关注地球运动这一事实。地球运动有多快?地球每 24 小时绕轴自转一周。地球赤道周长大约为 24000 英里,所以位于赤道的观察者的旋转速度为每小时 1000 英里,其线速度约为每秒 1500 英尺。现在考虑以下实验。向空中竖直抛出一块石头,假设它上升时间为 2 秒,当然下落时间也差不多是 2 秒。在这 4 秒钟内,由于地球在旋转,石块的抛出地将移动 6000 英尺,也就是 1 英里多一点。然而石块并没有落在 1 英里以外的地方,而是落在距离抛出地非常近的位置。我们要问,这是如何可能的?既然地球正以每小时 1000 英里的速度飞速旋转,为什么我们听不到因空气被抛向后方而产生的风的呼啸?或者考虑对地动观念的另一种经典反驳:设想一只小鸟栖息于树枝上,看到地上有一只虫子,便飞离了树枝。倘若地球此时正在飞速旋转,那么这只小鸟即使再拼命拍打翅膀,也不可能捕获虫子,除非虫子位于西方。但我们看到,不论虫子位于东方还是西方,小鸟的确从树枝飞到地面吞食了虫子。假如你没有立即明白个中奥妙,那说明你并未真正了解近代物理学。对你来说,地球每 24 小时绕轴自转一周的物理意义其实并不十分清楚。

如果地球的周日自转是严重的问题,那么再来看看地球沿轨道的周年运动。地球绕太阳运行的速度很容易计算。一分有 60 秒,一小时有 60 分或 3600 秒,一天有 3600×24=86400 秒,一年有 86400×365.25 ≈ 30000000 秒。要求出地球绕日运行的速度，必须先算出地球轨道的尺寸，再除以地球绕轨道一周所需的时间。此轨道大致是一个半径为 93000000 英里、周长为 580000000 英里的圆(圆的周长等于半径乘以 2π)。这等于说地球每年要运行 3000000000000 英尺。因此地球的速度为

10

$$\frac{3000000000000\ \text{英尺}}{30000000\ \text{秒}}=100000\ \text{英尺/秒}$$

关于地球自转所提出的任何问题都可以针对地球的公转再度提出。每秒 100000 英尺或 19 英里的速度显示了本章开头所遇到的难题:我们是否可能没有意识到自己正在以每秒 19 英里的速度运动? 假定从 16 英尺高处释放一个物体，它将在大约 1 秒钟后落地。由于物体在下落期间，地球一直在运行，根据我们的计算，物体应当落在离抛出地 19 英里以外! 至于栖息在树枝上的小鸟，在起飞的一瞬间理应在空中消失。但事实上，小鸟并未消失于空中，而是继续在地球上鸣唱飞舞。

这些例子表明，地球运动所导致的后果是多么难以应对。我们的日常观念根本无法解释自转或公转的地球上发生的日常经验事实。因此，要从地静观念转变为地动观念，必须有一门新物理学。

第二章 旧物理学

11

旧物理学有时也被称为常识物理学，因为大多数人在直觉上相信和遵循的正是这种物理学。对于任何运用天赋理智但没有受过现代动力学原理训练的人来说，这种物理学似乎都颇具吸引力。最重要的是，它与地静观念特别相配。它有时也被称为亚里士多德物理学，因为对它的古代阐释主要来自公元前4世纪的古希腊哲学家-科学家亚里士多德。亚里士多德是柏拉图的学生，也是同样来自马其顿的亚历山大大帝的老师。

亚里士多德的常识物理学

亚里士多德是思想史上的重要人物，这不单单是由于他在科学方面的贡献。他的政治学著作和经济学著作都是公认的杰作，其伦理学著作和形而上学著作直到今天仍然在挑战哲学家。亚里士多德还是公认的生物学创始人。一百年前，达尔文（Charles Darwin）这样赞叹亚里士多德："在许多方面，居维叶（Cuvier）和林奈（Linnaeus）如同我的神明，但与老亚里士多德相比，他们却望尘莫及。"正是亚里士多德第一次引入了动物分类概念，而且将生物学中的受控观察方法提高到很高水平。他研究过雏鸡胚胎学，希望发现器官发育的顺序。他曾一连数日将受精的鸡蛋打破进行比较，试图发现由未成形的胚胎发育为雏鸡的各个阶段。亚里士多德也第一次表述了演绎推理过程，即所谓的三段论形式： 12

所有人都是要死的。

苏格拉底是人。

因此，苏格拉底是要死的。

亚里士多德指出，使这三个陈述构成有效推理的并不是“人”、“苏格拉底”和“要死的”这些词的具体内容，而是形式。再看一例：所有矿物都是重的，铁是矿物，因此铁是重的。这是三段论诸多有效形式中的一种。亚里士多德在其伟大的逻辑推理论著中提出了这些形式，演绎和归纳皆有。

亚里士多德还强调了观察在科学特别是天文学中的重要性。例如，为了证明地球大致是一个球体，亚里士多德提出了许多论证，其中之一是，月食期间可以观察到地球投射在月球上的阴影。如果地球是球体，那么地球所投射的阴影应该是一个锥体。于是当月球进入地球的阴影时，阴影的形状将总是近乎圆形。

由亚里士多德对月虹的描述可以清楚地看出观察的重要性：

> 虹通常出现在白天，以前从不会想到夜晚还会出现月虹。月虹很少发生，所以未被观察到。这是因为在黑暗中不易看到颜色，而且还要在一个月的同一天里同时满足其他许多条件，因为月虹只有在满月升落时才能形成。所以在五十多年

时间里，我们只看到了两次月虹。

这些例子足以表明，亚里士多德并非脱离实际的哲学家。当然，他并没有把他的每一种说法都诉诸实验检验。他无疑相信老师们的13 口传心授，就像后人尊奉他的学说一样。这经常被当作对亚里士多德及其科学继承者的诟病。但我们不要忘了，学生永远不会对他所读到的所有陈述或大多数陈述进行证明，特别是那些得自教科书或手册的内容。生命实在太短暂了。

物体的"自然"运动

现在我们来考察亚里士多德的运动学说。亚里士多德有一条基本原理，认为一切地界物体都是由土、水、气、火"四种元素"构成的。这里所说的"元素"(elements)是日常意义上的，比如我们说某个人在恶劣的条件下外出是"brave the elements"。我们说这个短语的意思是这个人遭遇了暴风、尘暴、暴雨等等，而不是说他顶着纯氢或纯氟的龙卷风前进。亚里士多德注意到，地球上的物体似乎有重有轻。他把这种重或轻的属性归之于物体中不同元素的比例——土是"自然地"重，火是"自然地"轻，水和气则介于这两种极端元素之间。他问，这样一个物体的"自然"运动是什么？他回答说，如果是重的物体，那么它的自然运动会向下；如果是轻的物体，那么自然运动会向上。烟是轻的物体，所以只要没有风吹，它定会竖直上升，而石头、苹果或铁块释放后则会竖直下落。因此，在亚里士多德看来，地界物体的"自然"(或无阻碍的)运动是竖直向上或向下的运动。所谓向上和向下，是指沿着地心与观察者的连线。

亚里士多德当然知道物体的运动往往并不像我们描述的那样。例如，弓箭开始时显然沿直线飞出，差不多与地心和观察者的连线垂直。挥舞绳索可以使系在末端的球作圆周运动，石头可以竖直向上抛出。根据亚里士多德的说法，这些运动都是“受迫”运动，与物体的本性相违背。只有当某种力量作用于物体，使之违反本性地运动时才会产生这种运动。石头被绳索提起是受迫运动，但在绳索断掉的那一瞬间，石头又开始自然下落，寻找它的自然位置。

14

现在来考虑恒星、行星以及太阳本身的运动。它们似乎都在绕地球旋转——太阳、月亮、行星和恒星都从东方升起，划过天空，在西方落下(除非是天极附近的那些星体，它们虽然作小的圆周运动，但永远不会落在地平线以下)。根据亚里士多德的说法，天体不是由构成地界物体的那四种元素构成的，而是由“第五元素”或“以太”(aether)所构成。由以太构成的物体的自然运动是圆周运动，因此我们观察到的天体的圆周运动就是它们的自然运动，这种运动符合它们的本性，就像直线上升或下降是地界物体的自然运动那样。

“不朽的”天界

在亚里士多德的哲学中，天体还有一些有趣的性质。构成天体的以太是一种不发生变化的“不朽”物质。它与能够发生变化的四种“可朽的”地界元素完全不同。因此地球上有生灭变化，有事物的产生和消亡；而天上永远不会发生变化，所有事物始终如一：同样的恒星，同样的行星，同样的太阳，同样的月亮。这些行星、恒星和太阳被认为是“完美的”，长期以来因其不变性而被比作钻石或宝石。在天体中，只有月球能够发现有某种变化或“不完美”，但它毕竟是距离地球最近的天体，因此被看作变化的（或可朽的）地界与永恒的（或不朽的）天界的分界点。

15

应当注意，在这一体系中，所有围绕地球运动的天体差不多都很相似，而且无论是物理特征、物质构成还是“本质属性”，都与地球不同。于是，我们也许可以理解为什么地球会保持静止，而所有天体都在运动。此外，地球不仅不作“位置运动”，即从一个位置移到另一个位置，甚至不能假定它绕轴自转。根据旧的体系，这主要是出于一个物理原因：地球作圆周运动是不“自然”的，因为不论是绕日公转还是绕轴自转，都将违反它的本性。

运动的因素

现在我们来更详细地讨论关于地界物体运动的亚里士多德物理学。亚里士多德说，所有运动都包含两种主要因素，那就是推动力（这里用 F 表示）和阻力（这里用 R 表示）。根据亚里士多德的说法，要想让运动发生，必须使推动力大于阻力。于是我们便得到了第一条运动原理：

$$F>R \tag{1}$$

或者说推动力必须大于阻力。下面我们来研究在推动力不变的情况下，不同阻力会引起什么结果。我们用落体来做实验，各个物体都可以由静止开始自由下落，通过一段不同阻力的介质。为保持条件恒定，假定所有落体都是球形，使得它们在运动过程中，形状的影响没有什么差别。亚里士多德当然知道，如果其他条件都相同，那么物体的速度一般来说会依赖于形状，我们的降落伞实验已经证明了这一点。 16

现在回到我们的实验。取两个大小、形状和重量都相同的钢球，使它们同时落下，一个通过空气，另一个通过水。做这个实验需要一个灌满水的长圆筒。并排拿住两个小球，一个位于水的上方，另一个以同样高度位于筒外(图 1)。将它们同时释放，我们会看到，通过空气的小球的运动必定比通过水的小球快很多。为了证明这种实验结果并非因为小球由钢制成，或者重量比较特殊，我们可以用较小的钢球、玻璃球或铜球等等重复这个实验。每个人都可以用两个玻璃珠和一个盛满水的高杯来做这个小实验。实验结果可以用方程形式写出，表明在其他所有条件都相同的情况下， 17 水(能够更大地抗拒或阻碍运动)中的速度要小于空气(对运动的

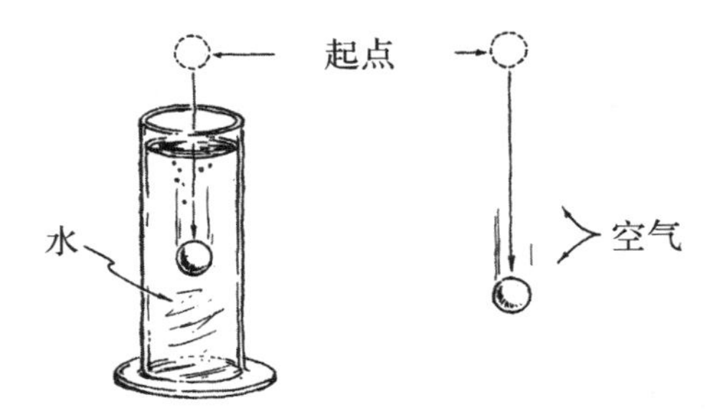

图 1

阻碍小于水)中的速度：

$$V \propto \frac{1}{R} \qquad (2)$$

或者说，速度与介质的阻力成反比。水能阻碍运动，这是一种日常经验。曾经从海滩跑到海水中的人一定知道水和空气对运动的阻碍大不相同。

现在用两个圆筒做这个实验，一个盛满水，另一个盛满油(图2)。油对运动的阻碍甚于水。同时释放两个同样的钢球，则水中的钢球会先到达筒底。由于油的阻力 R_o 大于水的阻力 R_w，所以我们可以预言，将任意两个相同物体丢入这些液体，在水中下落的物体要比在油中下落的物体运动得更快。这一预言很容易证实。

18 再者，由于已经发现水的阻力 R_w 大于空气阻力 R_a，即

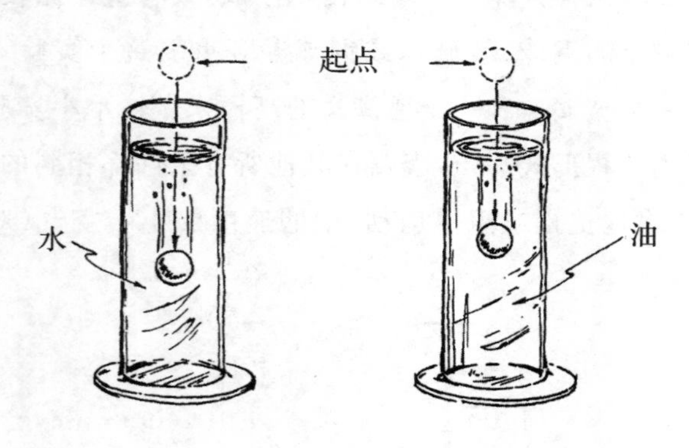

图 2

$$R_o > R_w, R_w > R_a \qquad (3)$$

因此油的阻力必然大于空气阻力，

$$R_o > R_a \qquad (4)$$

这也可以通过上述实验来证明，只要用油代替水装满圆筒即可。我们再来观察不同推动力所引起的结果。在这个实验中，我们仍然使用盛满水的长圆筒，并同时释放一大一小两个钢球。我们发现较重的大钢球先到达筒底。也许有人会说，这里钢球的尺寸可能会产生影响，但如果真有什么不同的话，倒是较大的球会遇到更大阻力。于是该实验似乎可以说明，推动力超过特定阻力的程度越大，速度就越大。我们还可以用一个钢球和一个玻璃球来重复这个实验，使得这两个球的尺寸完全相同而重量不同。我们仍然会发现，较重的球似乎更能克服介质阻力，从而先到达筒底，或者获得较大速度。这个实验还可以在油或其他液体（如酒精、牛奶等等）中做，得到的结果仍然相同。于是，我们可以用方程式来表示这个实验的结论：

$$V \propto F \tag{5}$$

现在把方程(2)和方程(5)合并成一个方程：

19

$$V \propto \frac{F}{R} \tag{6}$$

即速度与推动力成正比，而与介质阻力成反比，或者说速度正比于推动力除以阻力。这个方程经常被当作亚里士多德的运动定律。应当指出，亚里士多德本人并未以方程的形式写下他的结果，因为这是对这些关系的一种现代表达。亚里士多德以及包括伽利略在内的大多数早期科学家都倾向于把速度与速度相比，推动力与推动力相比，阻力与阻力相比。因此，他们不会写下我们的方程(5)，而是大概会用下列形式来表示：

$$V_g : V_s :: F_g : F_s$$

即玻璃球与钢球的速度之比可以与推动球体下落的力之比相比较,这等于说,玻璃球的速度与钢球的速度之比等于玻璃球的推动力与钢球的推动力之比。

现在我们考察方程(6)的某些限制。这个方程显然并非普遍适用,因为当推动力等于阻力时,该方程并不能给出速率 V 为零的结果;再者,当推动力 F 小于阻力 R 时,它也无法给出零结果。因此,方程(6)必须受到方程(1)的限制,即只有当推动力大于阻力时才是正确的。换句话说,此方程是对运动条件的一种有限表述而非普遍表述。

通过研究带有相等重量的不等臂天平,或者带有不相等重量的等臂天平,也可以得出这一方程。对等臂天平而言,如果假设较重的一端代表推动力,而较轻的一端代表阻力,那么 F 绝不可能小于 R。此外,如果在等臂天平上 $F=R$,则不会发生运动。

在结束本主题之前,这一运动定律还有最后两个方面需要介绍。首先,定律本身并未告诉我们落体由静止到获得速度 V 经历了哪些阶段。它只告诉我们关于速度本身的一些情况:这里的速度显然是某种"平均"速度或"末"速度,因为它的量度仅仅为单位时间(T)内走过的距离(D)

$$V \propto \frac{D}{T} \qquad (7)$$

它适用于平均速度或匀速运动,而不是加速运动或变速运动。难道亚里士多德不知道,落体的速度是从零开始,经过许多阶段才逐渐获得末速度的吗?

空气中的落体运动

还有另外一个实验，它的结果可能比前面的论证都重要。到目前为止，我们所给出的都是一些促使我们相信亚里士多德运动定律的正面经验，但却漏掉了一个极为重要的实验。假如给定两个物体，它们的尺寸和形状都相同，但重量或推动力 F 不同。如果将它们同时丢入水中或油中，我们会发现较重的物体下落也较快（在继续阅读本章或本书之前，读者如有兴趣可亲自做这个实验）。现在回到前面一系列实验中的最后一个，即把两个大小相等、重量不等的物体在同一介质中释放，只不过这里的介质是空气。假设一个物体的重量恰好是另一个物体重量的两倍，从旧的观点来看，这意味着较重物体的速度应当是较轻物体的二倍。对于落体经过的特定距离而言，速度与时间成反比，于是有

21

$$V \propto \frac{1}{T} \quad (8)$$

或

$$\frac{V_1}{V_2} = \frac{T_2}{T_1} \quad (9)$$

或者说速度与下落时间成反比。因此，较重物体的下落时间应当是较轻物体下落时间的一半。做这个实验时，可以站在椅子上将两个物体一起释放，使之撞到地板。同时释放它们有一种好方法，那就是用一只手的拇指和食指沿水平方向将它们一齐夹住，然后突然松开手指，两个球就会一齐下落。这个实验会有什么样的结

果呢?

我先不说这个实验的结果,读者最好亲自做一下,然后将你的结果与菲洛波诺斯和16世纪的斯台文所得出的结果相比较,再与350年前伽利略在其名著《关于两门新科学的谈话》(*Discourses and Demonstrations Concerning Two New Sciences*)中给出的结果相比较。菲洛波诺斯、斯台文、伽利略等人发现,亚里士多德理论的预言与实验明显不符。[①]

读者可以问自己:方程(6)显然不适用于空气,那么它是否真的适用于我们所研究的其他介质?为了弄清楚方程(6)是否是精确的定量表述,读者可以想想它是否只是对"阻力"的一个定义,或者,如果还有其他度量"阻力"的方法,那么如何来度量速度?要想度量速度,使用方程(8)并且测量下落时间是否就够了?[②]

22

① 如果下落距离相对较短,比如从天花板落到地板,那么两个球撞击地板将只响一声,除非没有将它们同时释放而引起"初始误差"。伽利略和菲洛波诺斯所观察到的微小差别将出现在下落距离较大的情况。

② 我们不知道在伽利略和斯台文之前还有多少科学家做过落体实验。在一篇论文"Galileo and Early Experimentation" (in Rutherford Aris, H. Ted Davis, and Roger H. Stuewer, eds., *Springs of Scientific Creativity* [Minneapolis: University of Minnesota Press, 1983])中,Thomas B. Settle 描述了16世纪一些意大利人所做的这类实验。佛罗伦萨人 Benedetto Varchi 在1544年的一本书中写道,"亚里士多德以及所有其他哲学家"从不怀疑,而是"相信和确定"落体速度与其重量成正比,但有一项实验"测试[*prova*]……表明这是不正确的"。这项测试并不能告诉我们 Varchi 是真的做了这个实验,还是在报道别人(Fra Francesco Beato 和 Luca Ghini)所做的实验。与伽利略同在比萨大学担任数学教授的 Giuseppe Moletti 在1576年的一个小册子中描述了他对亚里士多德以下结论的反驳,即从塔上释放的20磅铅球的速度将是1磅铅球速度的20倍。"它们同时到达,"Moletti 写道,"我不止一次而是多次做过这项测试。"Moletti 还用大小相同但材料不同(因此重量不同)的球体做过测试,一个铅球,一个木球。他发现如果从高处同时释放两个球体,它们"将在同一时刻落到地面"。

无论如何，我相信大多数人都会发现，除了两个重量不等的物体在空气中下落的实验之外，亚里士多德体系是足够令人信服的。我们没有理由苛责亚里士多德或亚里士多德派物理学家从未做过在空气中同时释放两个不同重量物体的实验。

地球不可能运动

读者可能会纳闷，这些内容与地球是否静止有何关系？让我们转到亚里士多德的著作《论天》(*On the Heavens*)。它说，有些人认为地球处于静止，另一些人则认为地球在运动。但有许多理由表明地球不可能运动。亚里士多德说，倘若地球在绕轴自转，那么它的每一部分都必须作圆周运动，但是对地球各部分的实际行为所作的研究表明，地球物体的自然运动是朝向中心的直线运动。"因此，这种受迫的非自然运动不可能持久，但世界的秩序却是永恒的。"所有地球物体的自然运动都是朝向宇宙的中心，而这个中心碰巧就是地心。在"证明"地球物体实际上都朝着地心运动时，亚里士多德说，"我们发现朝地球下落的重物并不是以平行线运动的"，而是彼此成某种角度。他接着指出："根据前述理由，我们还可以补充说，如果把重物用力沿直线上抛，那么即使力量大到能使物体升至无限距离，最后它也会回到其初始位置。"因此，在物体竖直上升和竖直下落期间(这些方向是相对于宇宙中心而言的)，倘若地球正在移动，那么物体绝不可能恰好落在抛出地。这是地球物体直线运动的"自然"性所导致的直接推论。

23

上述论证显示，如何用亚里士多德关于自然运动和受迫(非自然）运动的原理来证明地球不可能运动。但方程（6）或方程（9）所给出的亚里士多德的“运动定律”又如何呢？它与地球静止有何特殊关系？托勒密（Claudius Ptolemy）的《天文学大成》（*Almagest*）是论述地心天文学的古代权威著作，它一开头就给出了明确回答。托勒密写道，根据亚里士多德的原理，如果地球在运动，那么“由于它的尺寸要大很多，所以地球在运动时一定会超过所有其他落体，动物和所有重物都会被甩在后面，飘浮于空中，而地球高速运动的各个部分将会分崩离析，散落于宇宙中。”这一结论显然来自于落体速度与各自重量成正比。很多科学家必然会同意托勒密最后的评论：“但事实上，这种建议之所以被想到，只是为了让人认识到它的绝对荒谬。”

第三章　地球和宇宙

1543 年往往被视为近代科学的诞生年。那年出版的两部重 24
要著作极大地改变了人类的自然观和宇宙观：一本是波兰教士尼古拉·哥白尼（Nicholas Copernicus）所著的《天球运行论》（*De revolutionibus orbium coelestium*，*On the Revolutions of the Celestial Spheres*），另一本则是荷兰人维萨留斯（Andreas Vesalius）的《人体结构》（*On the Fabric of the Human Body*）。《人体结构》基于精确的解剖观察对人进行研究，从而将希腊解剖学家和生理学家（其中最后一位、也是最伟大的一位是盖伦[Galen]）所特有的经验论精神重新引入生理学和医学。哥白尼的著作则引入了一个新的天文学体系，它与通行的地静观念相左。这里我们只讨论哥白尼体系的某些特征，特别是涉及地球运动的某些推论，而不去详细考察整个体系的相对优劣，甚至不把它的优点与旧体系逐一比较。我们主要研究地动观念对新科学（动力学）的发展会造成什么影响。

哥白尼与近代科学的诞生

早在公元前 3 世纪，古希腊的阿里斯塔克（Aristarchus）就曾 25

提出，地球可能一边绕轴周日自转，一边沿着巨大的轨道绕太阳作周年公转。这种宇宙体系未能胜过地静的宇宙体系。甚至是两千年之后，当哥白尼把地球的两种运动结合在一起，提出他的宇宙体系时，也没有立即被人接受。当然事实证明，哥白尼的著作已经包含了整个科学革命的种子，这场革命以牛顿建立了辉煌的近代物理学为顶点。回溯以往，我们可以看到接受哥白尼的地动观念为何必然蕴含着一种非亚里士多德的物理学。这种判断对于哥白尼的同时代人来说是显然的吗？为什么哥白尼本人没有发起这场导致世界剧变（以至于我们对其后果并没有完全清醒的认识）的科学革命呢？我们将在本章讨论这些问题，尤其是为什么哥白尼提出的地动日静宇宙体系本身并不足以反驳旧物理学。

首先必须指出，哥白尼（1473—1543）在许多方面更是一个保守者而非革命者。他所引入的许多观念其实早已见诸文献，而且他往往无法超越亚里士多德物理学的基本原理，这给他造成了阻碍。我们今天谈论“哥白尼体系”时，通常是指一种与哥白尼《天球运行论》的描述相当不同的宇宙体系。为了颂扬哥白尼的革新，我们宁愿牺牲准确性，而将后哥白尼时代的日心体系称为“哥白尼体系”。其实更恰当的说法应为“开普勒体系”，或者至少是“开普勒-哥白尼体系”。

同心球体系

在描述哥白尼体系之前，我们将介绍前哥白尼时代的两种主要体系的特征：一种是所谓的“同心球”体系，它被归之于欧多克斯

26

(Eudoxus),并且经过了另一位希腊天文学家卡里普斯(Callippus)的改良,最终在亚里士多德手中完成。在这一体系中,每颗行星(包括太阳和月亮)都固定在某个绕轴自转的天球的赤道上,地球则静止于各个天球的中心。当每个天球旋转时,其转轴的末端固定在另一个旋转天球上,不过内外天球的旋转周期不同,转轴的指向也不同。

有些行星的天球可能多达四个,每一个天球都嵌在另一个天球上,因此可以产生各种运动。例如,其中一个天球可以解释行星每 24 小时绕地球旋转一周这一事实(无论行星位于恒星之间的哪个地方)。还有天球带动太阳完成每日的视运动,月球和诸恒星也都是如此。每颗行星之内的这套天球可以解释一个事实,即行星看上去并不只是在天空中作周日运转,而且还相对于恒星每日移动位置。于是,我们会看到某一颗行星有时在这个星座,有时又在别的星座。由于我们看到行星每日都在恒星之间漫游,所以“行星”(planet)一词便是源自希腊文动词“漫游”。这种漫游有一个显著特征,即它的方向并不是恒定的。运动方向通常是缓慢东移,但有时行星也会停止东移(到达一个驻点),然后向西运动一段时间(图 3),直至到达另一个驻点再继续东移。向东运动被称为“顺行”,向西运动则被称为“逆行”。通过恰当地组合天球,欧多克斯构造了一个模型来显示如何通过圆周运动组合出行星的顺行和逆行。哥白尼的著作《天球运行论》标题中出现的便是同样类型的“天球”。

27

希腊衰落以后,科学被伊斯兰或阿拉伯天文学家接了过去。其中一些人详细阐述了欧多克斯和亚里士多德的体系,并且引入

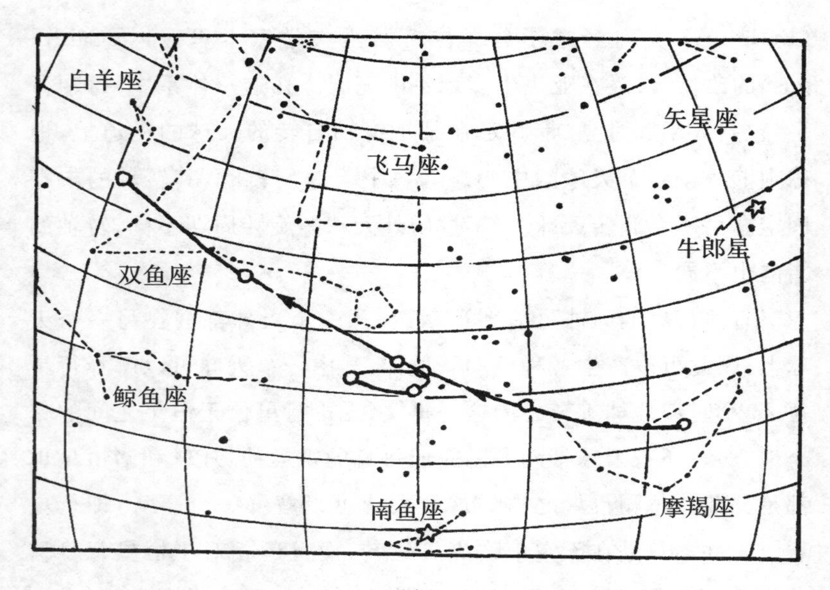

图 3

了更多的天球，以使这一体系的预言更加符合观测结果。这些天球获得了某种实在性，甚至被认为由水晶制成，所以这一体系被称为“水晶天球”体系。由于恒星和行星的方位被认为对于一切人类事务都有重大影响，人们开始相信，行星的影响并非源于行星本身，而是源于它所隶属的天球。我们可以在这种信念中看到今天在政治经济意义上使用的“势力范围”(sphere of influence)一词的起源。

28

托勒密与本轮均轮体系

托勒密是古代世界最伟大的天文学家之一，他基于几何学家阿波罗尼奥斯(Apollonius of Perga)和天文学家希帕克斯(Hipparchus)此前引入的概念,精心设计出了另一种重要的古代体系,一般被称为"托勒密体系"。与欧多克斯-亚里士多德的同心球体系不同,托勒密体系极为灵活,因此也极为复杂。一些基本技巧被用于各种组合。首先,假设 P 点沿着围绕 E 点的圆周作匀速运动,如图 4A 所示。这里描绘的是一种不允许驻点和逆行的匀速圆周运动,它也无法解释行星为什么并非以恒定速度绕地球运转。速度恒定的运动至多只能见诸恒星,因为希帕克斯已经知道,甚至连太阳都在以变化的速度运行,此观测结果与四季长度存在差异相关联。在图 4B 中,地球并非恰好位于圆心 C 点,而是位于圆心之外的 E 点。于是很清楚,如果 P 点对应于某一颗行星(或者是太阳),那么从地球上看,它相对于恒星不会作匀速运动,即使它沿圆周的运动的确是均匀的。如果地球和天体构成了这样一个偏心体系,而不是同心体系,那么太阳或行星将在某个时候距离地球非 29

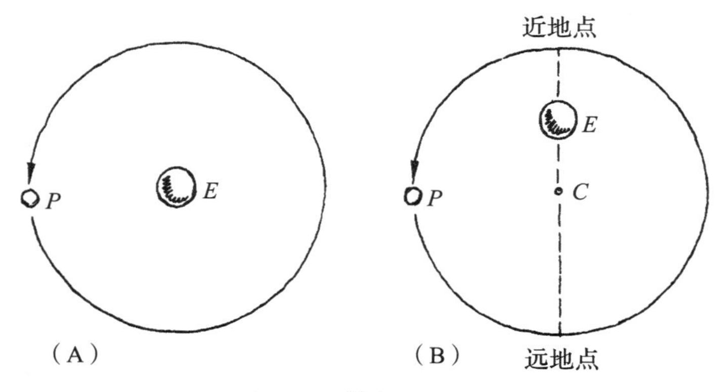

图 4

常近（近地点）或非常远（远地点）。这样我们便可以预期行星的亮度会发生变化，而这正是我们所观察到的。

接下来，我们将介绍托勒密用于解释行星运动的一种主要技巧。当 P 点沿着以 C 点为圆心的圆周上匀速运动时，假设另有 Q 点围绕 P 点作圆周运动（图 5）。这样便会产生一条带有一连串圆环或尖角的曲线。P 点所在的大圆被称为参照圆（circle of reference）或

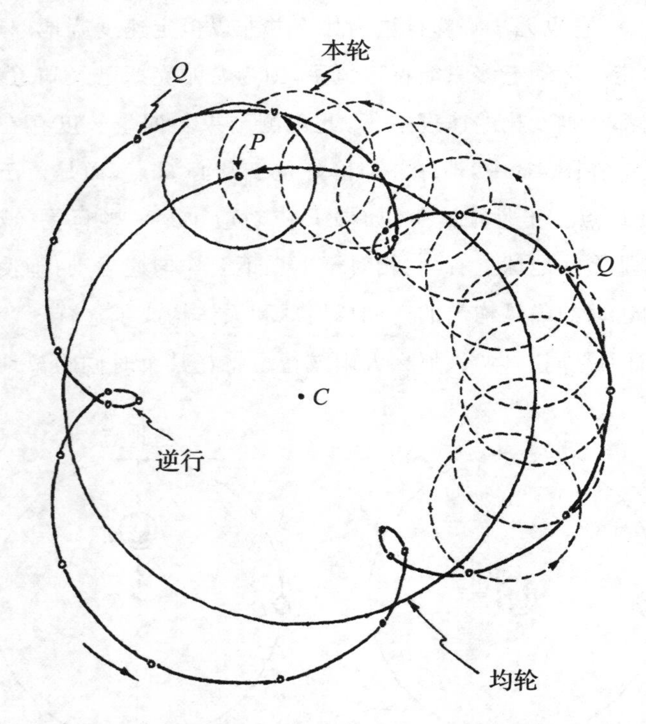

图 5　托勒密解释行星漫游时所使用的复杂的运动组合。当 P 点围绕 C 点作圆周运动时，行星 Q 围绕 P 点作圆周运动（虚线）。由各个圆圈所合成的实线是 Q 在组合运动中所行路线。

均轮(deferent),Q 点所在的小圆则被称为本轮(epicycle)。因此托勒密体系经常被称为本轮均轮体系。由本轮和均轮组合而成的曲线显然距离圆心时近时远,而且也有驻点,并且当行星位于每个圆圈的内侧时,C 点的观察者将会看到它在逆行。为使这种运动与观测到的现象相符,只需恰当选择本轮和均轮的相对大小和相对转速。

至于天上是否"真的"存在本轮和均轮,托勒密在著作中从未作过说明。事实上,在他看来,他所描述的体系更有可能是宇宙的一个"模型",而并不必然是其"真实"图景。希腊人的理想就是构造一个模型,使天文学家能够预言所观察到的现象,或者用希腊人的话说就是"拯救现象",这种理想在托勒密的著作中达到了顶点。这种科学进路虽然经常受到贬低,但它其实非常类似于 20 世纪物理学家的研究方法,他们的主要目标也是构造一个模型,使得导出的方程能够预言实验结果。今天的物理学家往往必须满足于方程,而没有一个日常意义上的切合实际的"模型"。　30

旧的托勒密体系还有其他一些特征,这里可以简单列一下。首先,地球不必位于均轮的中心,或者说,均轮(图 6A)可以是偏心圆而不是同心圆,即圆心与地心相异。此外,当 P 围绕均轮的大圆运动时(图 6B),圆心 C 可以绕一个小圆运动,其组合虽然不一定会造成逆行,但却可以使圆得到提升或移位,或者产生椭圆运动(图 6C)。最后,还有一项被称为"偏心匀速点"(equant)的技巧(图 7)。这个点并不处在可能使运动"均匀化"(uniformized)的圆的圆心。假设 P 点沿着一个圆心为 C 的圆周相对于偏心匀速点运转,P 点的运动情形是:P 点与偏心匀速点的连线在相同时间内扫过相同角度。因此,在不处于偏心匀速点的观察者看来,P 点不　32

31

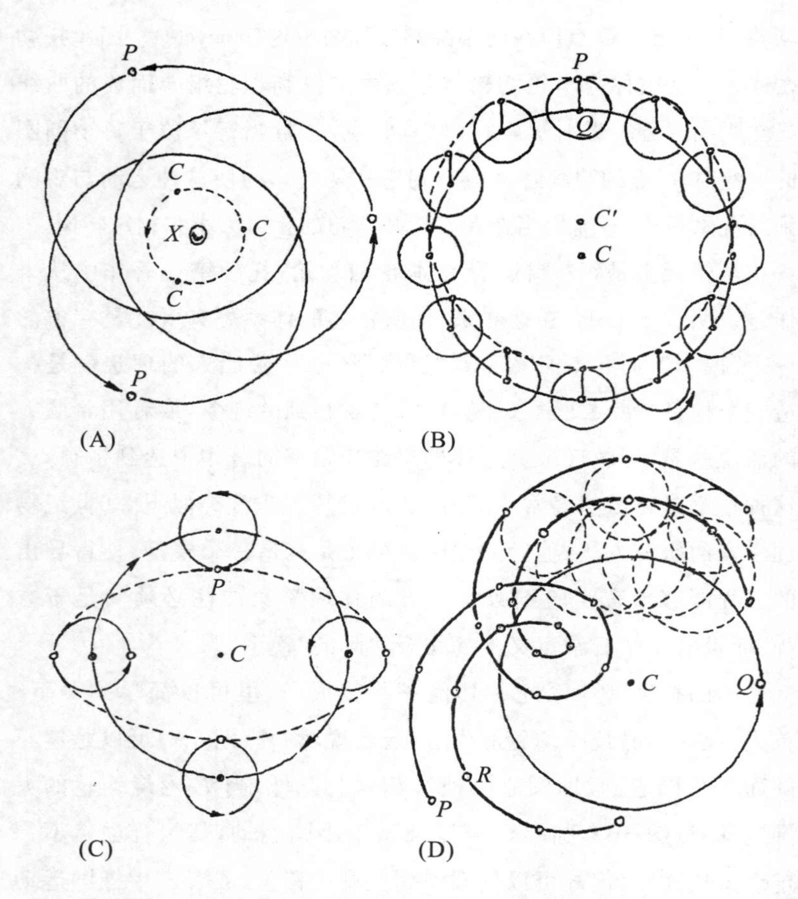

图6 凭借着本轮和均轮(以及聪敏),天文学家借助于托勒密体系几乎能够描述观察到的一切行星运动。在(A)中,P点沿着一个圆心为C的圆周旋转,而C又沿着一个圆心为X的小圆旋转。在(B)中,本轮均轮组合的结果是将P的轨道的视中心由C移至C'。在(C)中,本轮均轮组合产生了一条椭圆曲线。(D)描绘的是沿着本轮上的一个本轮移动的P点的轨迹。P所在的圆的圆心是R,R所在的圆的圆心是Q,Q所在的圆的圆心是C。

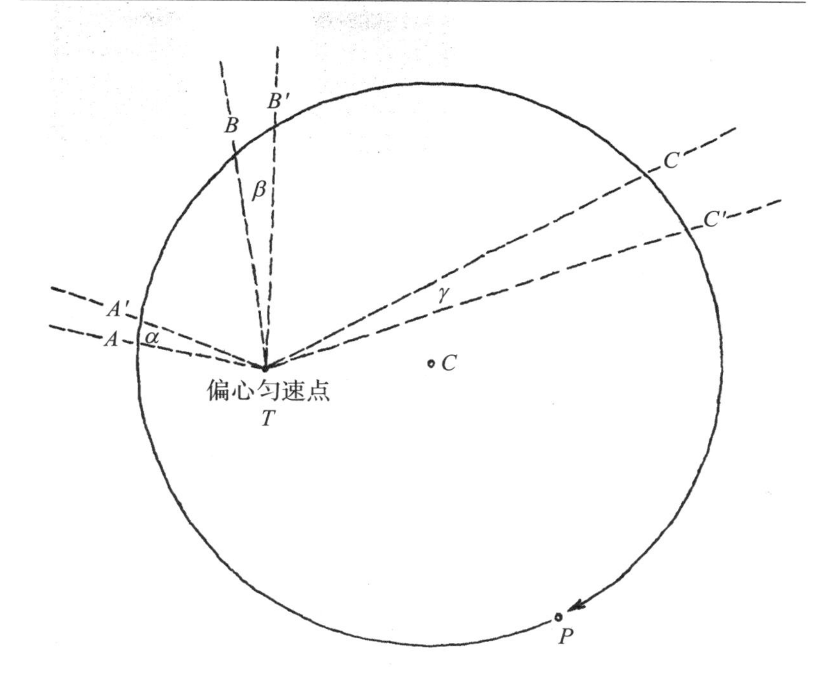

图 7　偏心匀速点是托勒密体系中用来解释表观的行星速度变化的一种技巧。虽然 P 从 A 到 A'、从 B 到 B'、从 C 到 C' 的运动相对于圆心 C 并非均匀，但相对于偏心匀速点 T 却是均匀的，因为 α、β、γ 这三个角相等。行星在相同时间内走过弧 AA'、BB' 和 CC'，但速度看上去却是不同的。

会沿着圆轨道均匀旋转。这些技巧可以以多种方式组合起来使用，从而形成非常复杂的体系。许多学者都无法相信，一个有着四十多个“轮中轮”的体系竟然能够在天上转动，那样的话世界也太复杂了。里昂和卡斯蒂利亚(Castile)的国王阿方索十世(Alfonso X)被称为智者阿方索(Alfonso the Wise)，他曾经出资编订了 13 世纪的一套著名的天文星表。他无法相信宇宙体系竟会如此复

33

杂。在初次学到托勒密体系时，据说他曾这样评论："如果上帝在创世之前曾与我商讨，我一定建议他把世界弄得简单点。"

托勒密体系之繁难在诗人弥尔顿（John Milton）著名的《失乐园》（*Paradise Lost*）中表现得最清楚不过了。弥尔顿曾经是学校老师，教过托勒密体系，因此很清楚自己写的东西。在这些诗句里，天使拉斐尔（Raphael）正在回答亚当有关宇宙构造的问题，他说上帝必定会因人类的行为而失笑：

> ……他们后来模拟天界，测量星宿时，
> 胡思乱想如何使用那庞大的构架，
> 如何构筑、拆毁、策划，以拯救现象，
> 如何用四处散落的同心圆和偏心圆，
> 轮和本轮，层层相套的天球，
> 来圈住整个宇宙球体。

在讨论哥白尼的革新之前，我们再对旧的天文学体系略作评论。首先，复杂性部分源于：表示行星视运动的曲线（图 5）是圆的组合。如果能用一个方程来表示像双纽线这样的尖头曲线，研究工作就会简单得多。不过不要忘了，在托勒密时代还没有解析几何，根据亚里士多德和柏拉图所确立的传统，天体的运动一定要通过一套自然运动系统来解释——也许是因为圆周运动既没有开始，也没有结束，因此最适合于不变不朽、永远在运动的行星。无论如何，正如我们将会看到的，单纯通过圆的组合来解释行星运动，这种观念的确统治了天文学很长时间。

34

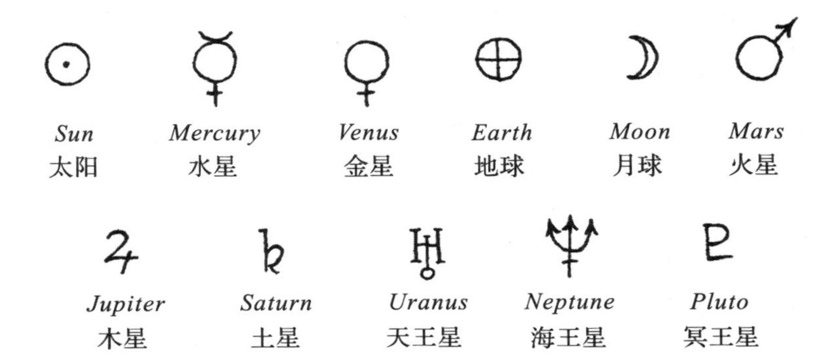

图8　最古老的行星符号的起源已不可考，但通常的说法均来自于希腊罗马神话。太阳的符号可能代表着带有圆形凸起的小圆盾。水星符号要么代表墨丘利(Mercury)所持的权杖，要么代表他的头以及戴的双翼帽。金星的符号是与爱和美的女神维纳斯(Venus)相联系的镜子。火星是战神玛尔斯(Mars)，它的符号要么代表勇士的头和带有羽缨的头盔，要么代表矛和盾。关于木星符号的来源也有不同说法：要么是鹰——“朱庇特之鸟”(bird of Jove)——的粗陋的象形文字，要么是朱庇特(Jupiter)的希腊名宙斯(Zeus)的首字母。土星符号是古代的一把长柄大镰刀，象征着时间之神。天王星的符号是其发现者威廉·赫歇尔爵士(Sir William Herschel，1738—1822)名字的首字母，行星悬挂在横梁上。海王星是海神尼普顿(Neptune)，他总是手持三叉戟。冥王星符号显然是一个字母组合。有趣的是，炼金术士用水星的符号表示水银，用金星的符号表示铜。今天的遗传学家则用金星的符号代表女性，用火星的符号代表男性。

托勒密体系不仅管用，或者能够设计得管用，而且可以同亚里士多德的物理学体系完美地结合起来。恒星、行星、太阳、月球被赋予了圆周运动或圆周运动的组合，即它们的“自然运动”，地球则静止于宇宙中心，这里是它的“自然位置”。所以在托勒密体系中，并不需要另找一个新的物理学体系，因为它已经与同心球体系符合得相当好。有时这两个体系被称为“地静”体系，因为在它们之 35

中地球都处于静止;更常用的表达是“地心”体系,因为在两种体系中地球均处于宇宙的中心。

哥白尼的革新

哥白尼所提出的体系与托勒密体系有许多相似之处。哥白尼非常钦佩托勒密,因此,他的著作在内容组织、章节编排和主题次序上都效仿了《至大论》。

从地静体系变为日静体系需要作一些新的说明。为此,我们像哥白尼那样首先考虑最简单的日静宇宙。太阳固定在宇宙中心,水星、金星、地球、月球、火星、木星、土星则依次围绕太阳运行(图 8A)。哥白尼通过地球每日绕轴自转一周来解释太阳、月球、恒星和行星的周日视运动。至于其他主要现象则是源于地球的第二种运动,即地球和其他行星一样也绕太阳公转。每颗行星的旋转周期各有不同,距离太阳越远,行星周期也越大。这样,逆行很容易得到解释。比如火星,它绕太阳的公转慢于地球(图 9)。当地球掠过火星,火星冲日(也就是太阳与火星的连线通过地球)时,我们标出地球和火星的七个位置。如果将地球与火星的这些相继位置用直线连接,就会发现火星看起来先是向前,接着又向后,然后又向前运动。因此哥白尼不仅可以“自然地”解释逆行如何发生,而且也可以说明为什么只有当火星在午夜时分通过天空最高点时,才可以观察到火星的逆行。行星冲日时,地球位于行星与太阳之间,这就是为什么午夜时分行星到达天空最高点的原因。类似地(图 10),我们可以看到,对于内行星(水星或金星)而言,逆行

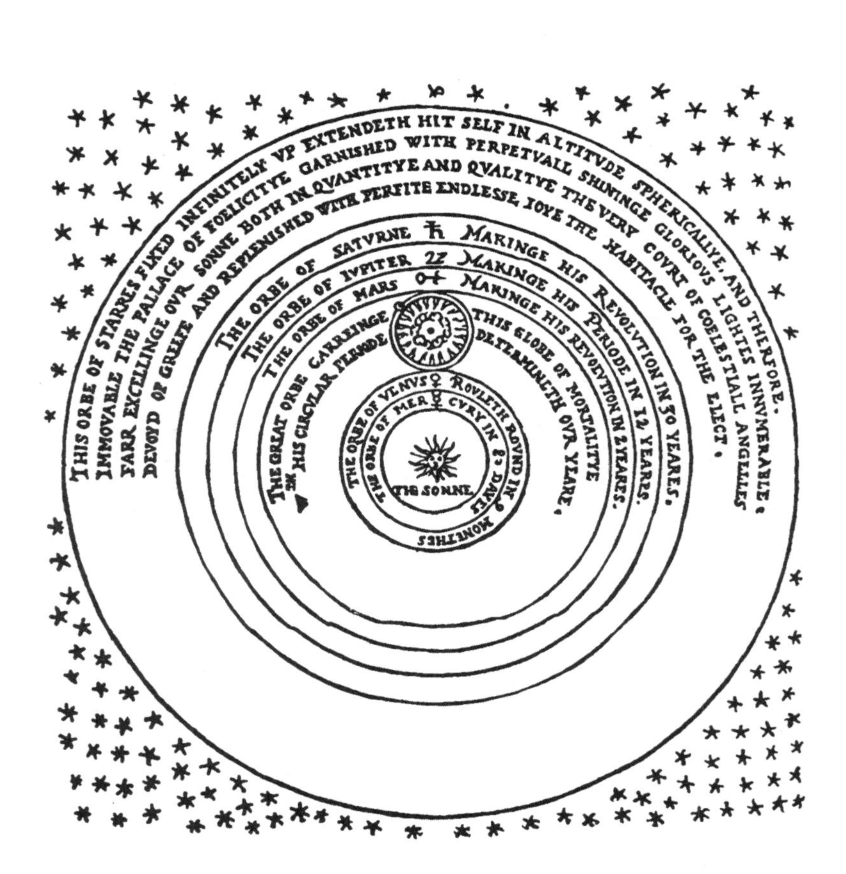

图 8A　这张哥白尼体系图取自托马斯·迪格斯(Thomas Digges)的《对天球的完美描绘》(*A Perfit Description of the Caelestial Orbes*, 1576)。该书对哥白尼的《天球运行论》做了英文节译。迪格斯为该体系增加了一个特征，那就是使恒星天球变得无限。

37

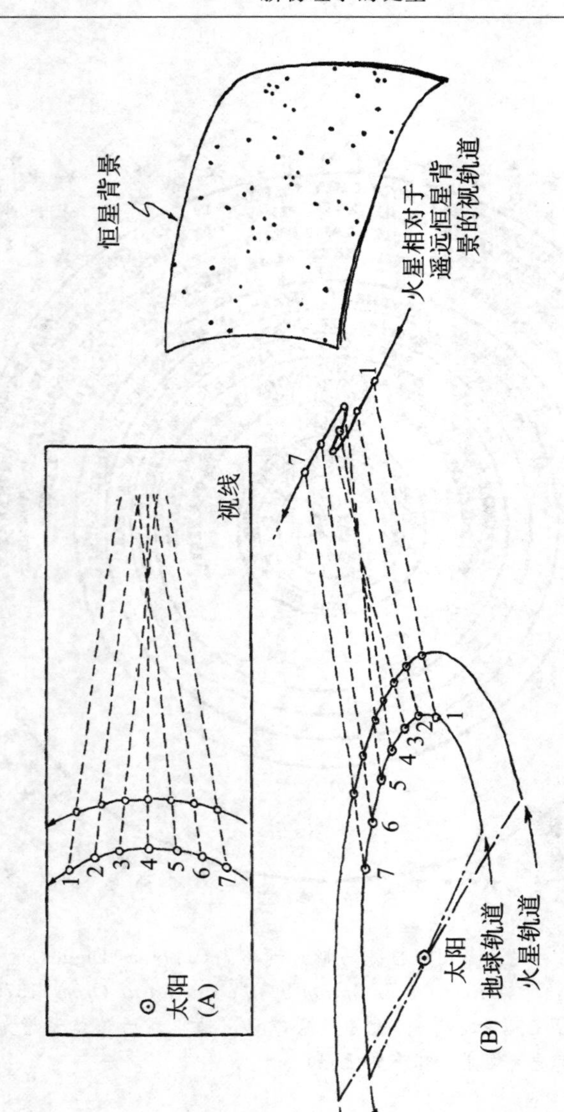

图9 在哥白尼体系中，很容易解释行星的逆行视运动；它实际上是相对速度的问题。这里的视线表明了为什么外行星（即比地球距离太阳更远的行星）看起来会调转方向。它绕太阳运行的速度要慢于地球。

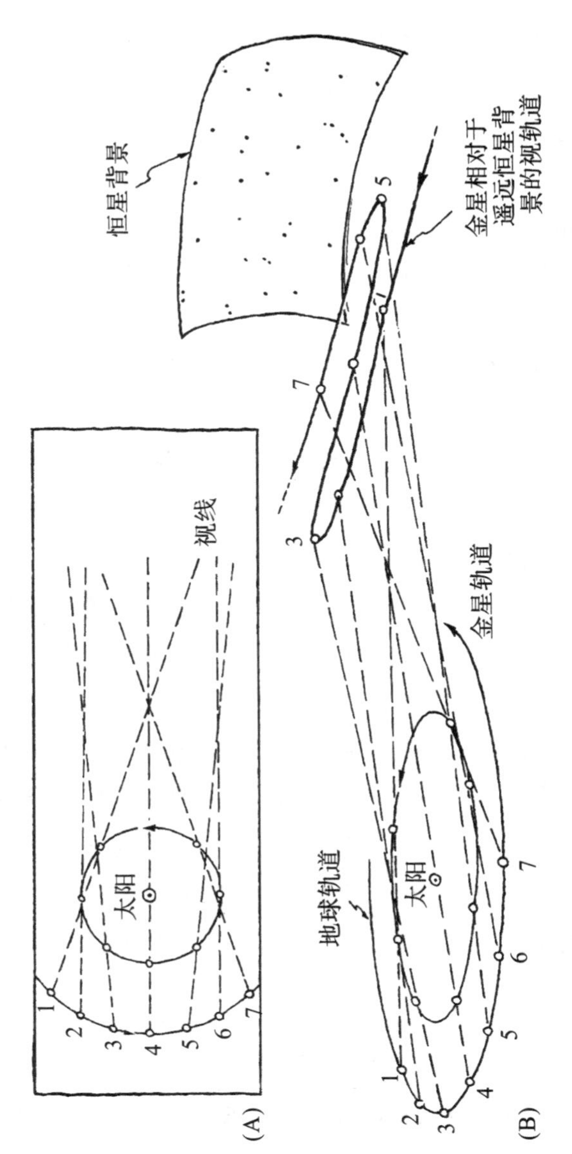

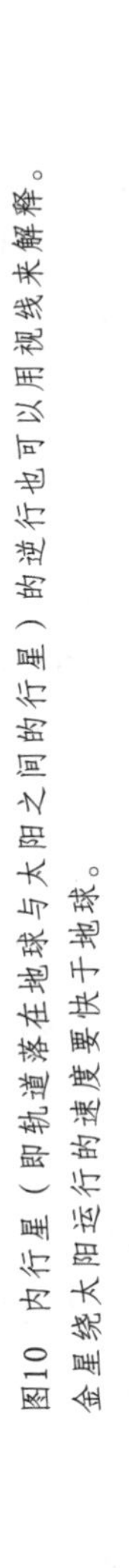

图10　内行星（即轨道落在地球与太阳之间的行星）的逆行也可以用视线来解释。金星绕太阳运行的速度要快于地球。

只有在内合时才能出现，这对应于行星在正午时分通过天空最高点。（当水星或金星落在日地连线上时，这个位置被称为合。这些行星在内合时位于逆行的中心，这时它们位于地球与太阳之间。然后它们在正午与太阳一起越过天空最高点。）这两个事实在日心体系或日静体系中很好理解，但倘若地球是运动的中心，就像在托勒密体系中那样，为什么行星的逆行要依赖于它们相对于太阳的指向呢？

继续讨论简化的圆轨道模型。我们还发现，哥白尼能够确定太阳系的尺度。考虑金星（图 11）。金星之所以被看成晨星或昏星，是因为它的位置要么在太阳前面一点点，要么在太阳后面一点点，但永远不能像外行星那样，偏离太阳 180 度。托勒密体系（图 11A）只有通过强行假定金星和水星本轮的中心永远固定在日地连线上才能解释这一点；也就是说，水星和金星的均轮像太阳一样每年绕地球旋转一周。而在哥白尼体系中，只需假设金星和水星的轨道（图 11B）位于地球轨道内部即可。

不仅如此，在哥白尼体系中还可以计算金星与太阳的距离。日复一日的观察可以表明，金星与太阳的角距什么时候达到最大，这时可以确定角距大小。正如图 12 所示，当地球与金星的连线与金星轨道相切，从而垂直于太阳与金星的连线时，角距达到最大。我们可以用简单的三角学写出这个方程，从正弦表很容易计算出 VS 的长度。

$$\frac{VS}{ES}=\text{sine }\alpha \qquad (1)$$

ES 的距离，或者哥白尼体系中地球轨道半径的平均大小，被称为

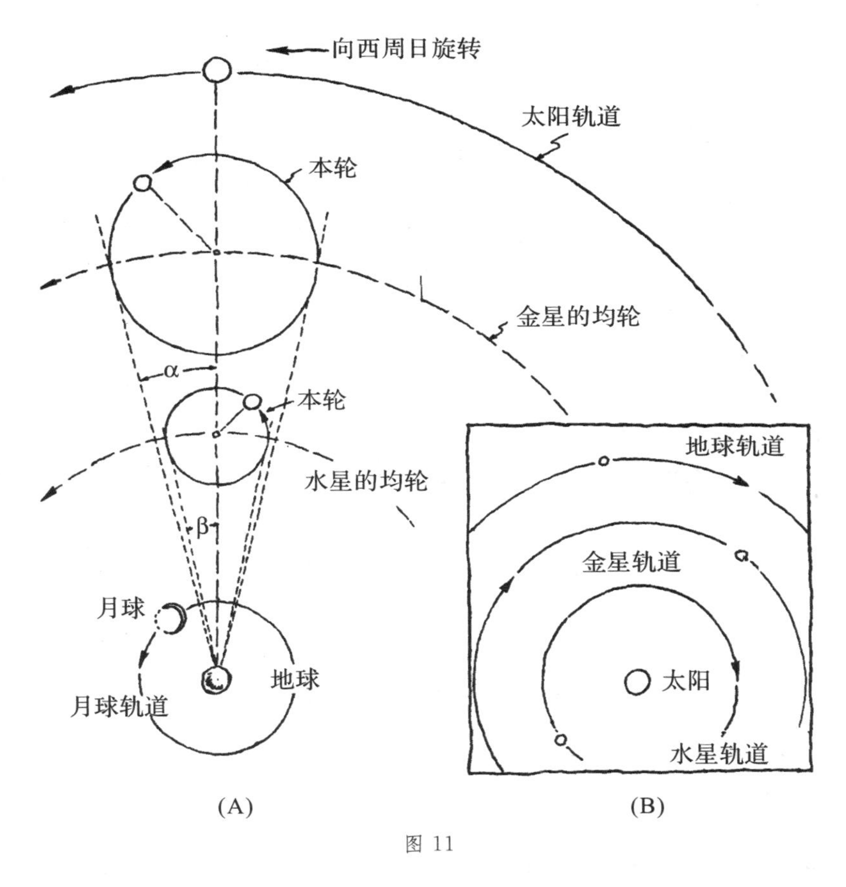

图 11

一个"天文单位"(AU)。于是方程(1)可以写作：

$$VS=(\text{sine }\alpha)\times 1\text{AU} \qquad (2)$$

运用这种简单方法，哥白尼可以很精确地定出行星距离(以天文单位表示)，下表显示的是哥白尼给出的值和现在接受的行星与太阳的距离。(哥白尼确定行星与太阳距离的方法对于火星、木星、土

42

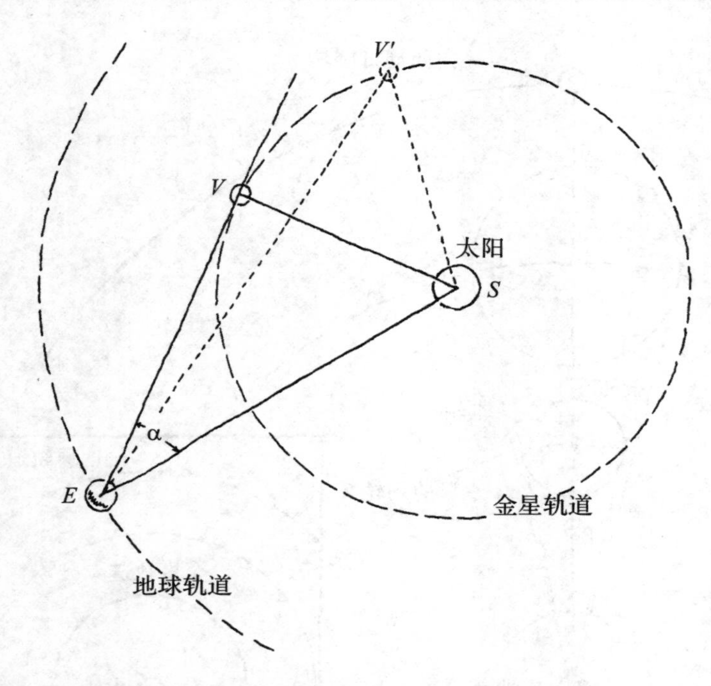

图 12 在哥白尼体系中可以计算出金星与太阳的距离。当角距(即金星与太阳成的角 α)最大时,从地球到金星的视线(EV)与金星轨道相切,因而垂直于半径 VS。用初等三角学知识很容易计算出 VS 的长度。在其他任何方向,比如 V',角距都不是最大。

星这三颗“外”行星稍有不同。)

太阳系各要素的哥白尼值与现代值的比较

	平均会合周期*		恒星周期		与太阳的平均距离**	
行星	哥白尼值	现代值	哥白尼值	现代值	哥白尼值	现代值
水星	116d	116d	88d	87.91d	0.36	0.391
金星	584d	584d	225d	225.00d	0.72	0.721

续表

	平均会合周期*		恒星周期		与太阳的平均距离**	
行星	哥白尼值	现代值	哥白尼值	现代值	哥白尼值	现代值
地球			365.25d	365.26d	1.0	1.000
火星	780d	780d	687d	686.98d	1.5	1.52
木星	399d	399d	12y	11.86y	5	5.2
土星	378d	378d	30y	29.51y	9	9.5

*　会合周期指同一天体两次相合所间隔的时间。

**　以天文单位(AU)表示。

此外,哥白尼体系还可以同样精确地确定各个行星围绕太阳运转一周所需的时间,即恒星周期。由于哥白尼知道行星轨道的相对大小以及行星的恒星周期,他能够精确预言行星的未来位置(即它们与地球的距离)。在托勒密体系中,行星的距离完全不起作用,因为我们无法通过观测来确定它们。只要本轮运动和均轮 43 运动的相对大小和相对周期相同,那么观测结果或现象就必然相同,如图 13 所示。托勒密体系所讨论的主要是角度而不是距离,这一点从月球的例子便可以清楚看出。月球的视位置能够比较精确地描述出来,这是托勒密体系的一个主要特点。但这需要一种特殊的技巧,倘若月球果真沿着那条构想的路径前进,则它的视尺寸将会有极大变化,那将远远大于所观测的结果。直到最近这些 44 年,还有人认为哥白尼本人的月球理论是他最原创的革新之一。但我们现在知道,同样的理论早在伊斯兰天文学中就存在过。

我们已经说过,每颗行星以及月球各有一个圆,再加上地球的

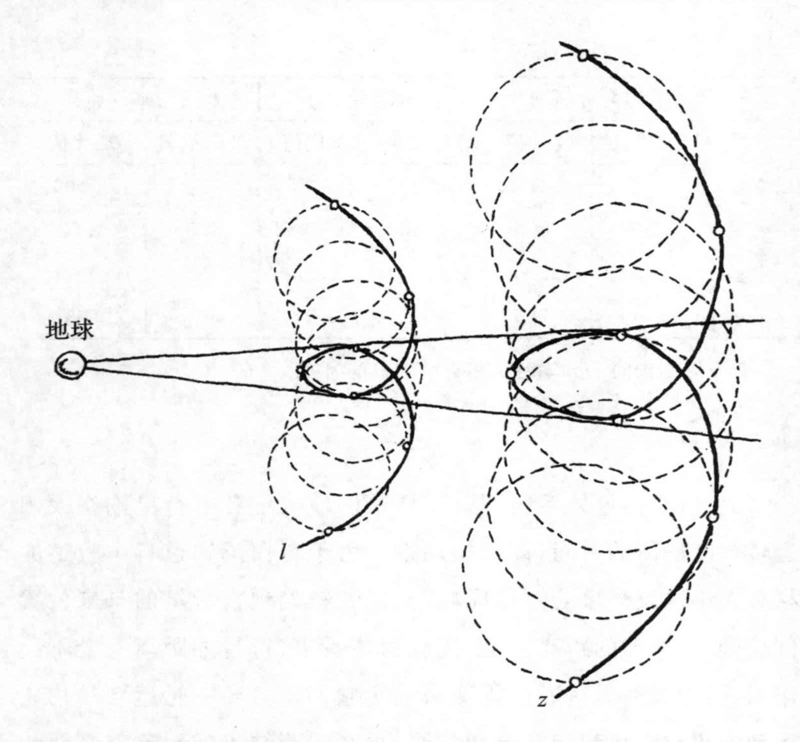

图 13　在托勒密体系中通过测量角度而非距离来预测行星位置。此图表明，如果运动的相对周期相同，那么无论距离如何，观测结果都相同。

两种不同运动，便构成了一个简化的哥白尼体系。事实上，这一体系只能与实际观测大致吻合。因此，为了使这一体系更为精确，哥白尼觉得有必要引入一些复杂的机制，其中许多都使我们想起托勒密体系所使用的那些技巧。例如，哥白尼认为显然（就像相反的情况在希帕克斯看来是显然的一样），地球不可能以太阳为中心作匀速圆周运动，因此他并没有把太阳置于地球轨道的中心，而是偏离一段距离。于是在哥白尼体系中，太阳系以及宇宙的中心并不是太阳，而是一个“平太阳”(mean sun)，或者地球轨道的中心。因此，哥白尼体系更宜称为日静体系而非日心体系。哥白尼极力反对托勒密所引入的偏心匀速点。他和古希腊天文学家都认为，行星必须作匀速圆周运动。因此，为使行星的绕日轨道所给出的结果能够与实际观测相一致，哥白尼最终引入了圆周运动的组合，这与托勒密的做法几乎相同。其主要差别是，托勒密引入圆周运动的组合主要是为了解释逆行，而我们已经看到，哥白尼是通过行星以不同速度沿各自轨道运动来解释逆行的(图 14)。[1] 如果将代表托勒密体系与哥白尼体系的两幅图作一比较，那么我们很难说哪一幅“更为简单”。 45

哥白尼与托勒密

哥白尼体系与托勒密体系相比有何优劣？首先，哥白尼体系的一个关键优点是，它比较容易解释行星的逆行，说明为什么逆行由行星与太阳的相对位置所决定。哥白尼体系的第二个优点在于它能够确定行星与太阳及地球之间的距离。

有时我们会听到有人说，哥白尼体系是一种巨大的简化，这其实是误解。如果把哥白尼体系理解成行星分别沿圆形轨道绕太阳运动的初等模式，那么这种说法是成立的。但这个纯粹由简单圆

[1] 哥白尼体系最终的复杂性源于哥白尼很难解释这样一个事实：即使地球作轨道运动，地球的转轴也要相对于恒星保持固定指向。哥白尼所引入的“运动”被发现是不必要的。伽利略后来表明，由于没有作用力使地轴转动，所以地轴并不运动，而总是与自身平行。

46

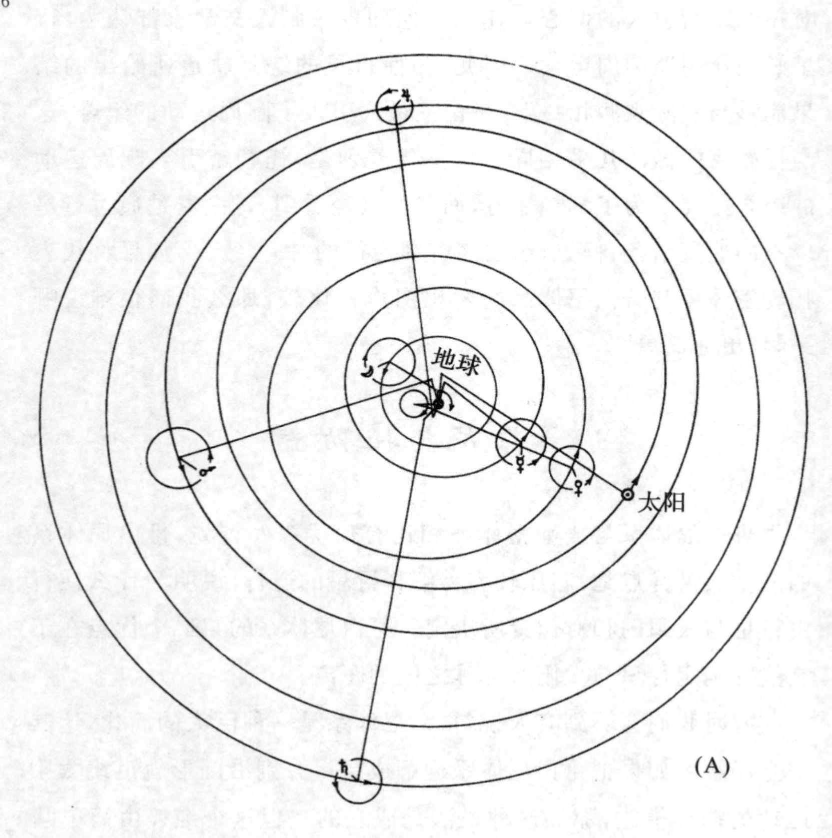

(A)

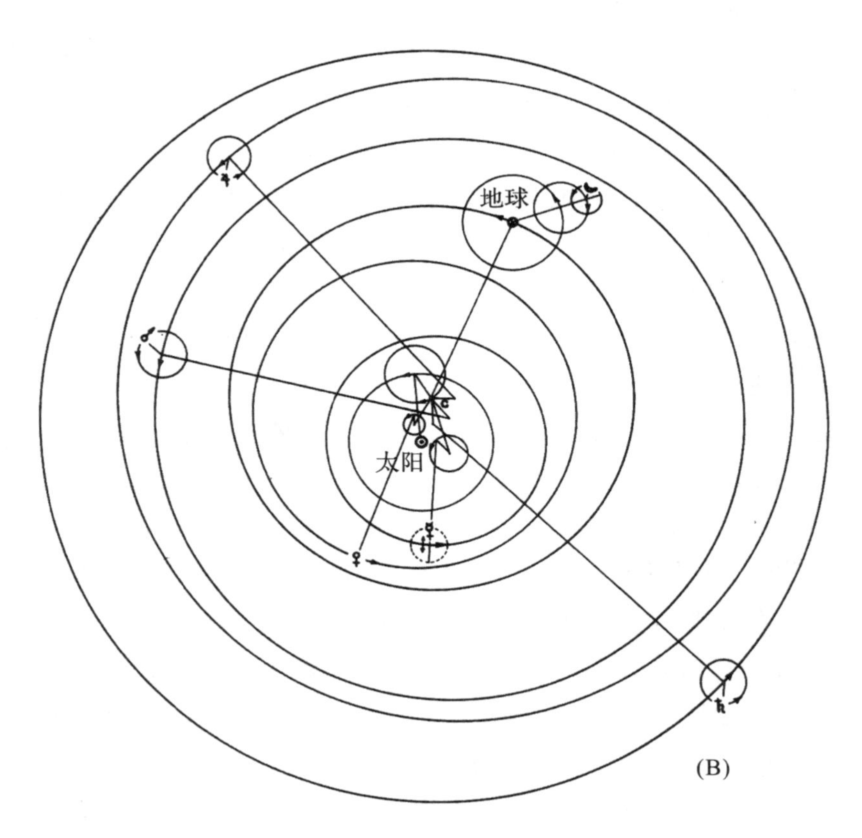

图 14　由这种比较可以看出，托勒密体系(A)和哥白尼体系(B)差不多同样复杂。行星均轮(大圆)半径内端的点表示托勒密体系中相对于太阳轨道中心的轨道中心，以及哥白尼体系中相对于太阳的轨道中心。注意两个体系中本轮的使用。在这张图中，为了看起来更清楚，金星(♀)本轮和水星(☿)本轮的中心被移了位。在托勒密体系中，这两个本轮的中心仍然固定在日地连线上。(根据 William D. Stahlman)

周构成的体系只是一种粗糙的近似，哥白尼对此一清二楚。我们已经看到，为了更精确地解释行星的运动，他求助于圆周运动的组合，这在某种意义上又使我们想起了托勒密所构想的本轮，虽然是服务于不同的目的。

接下来我们谈谈反对哥白尼体系的原因。一个主要原因是观察不到恒星的周年视差。视差现象是从两个不同位置看同一物体时所产生的视觉变化。火炮以及照相机的测距仪都是根据这种原理制造的。考虑地球在哥白尼体系中的运动。如果以六个月为间隔来观察某一恒星，由于地球绕太阳运动的轨道半径是 9300 万英里，所以就相当于从大约 2 亿英里的基线两端进行观察（图 15）。由于哥白尼以及同时代的天文学家无法通过这种半年期的观察来47确定恒星的任何视差，所以如果地球确实在绕太阳运动，那么只能认为恒星的距离极为遥远。如果仅仅根据没有观察到恒星的周年视差就反对哥白尼体系的整个理论基础，则未免太过轻率了。事实上，在哥白尼之后几百年，即大约 150 年前，天文学家大大改进了望远镜才观测到这样一种恒星视差。而在当时，视差（必定非常小）的存在只能被天文学家当作信念来接受。

除了天文观测，还有力学方面的失败。哥白尼如何来解释运48动地球上的物体运动呢？这些问题我们在第一章中讨论过，哥白尼无法就任何一个给出恰当解释。他认为，环绕着地球的空气会随同地球一起运动，这些空气以某种方式附着于地球。根据罗森（Edward Rosen）的看法："哥白尼的重力理论为每一个天体假设了一种独立的引力内聚（gravitational cohesion）过程，不仅是地球，而且还有太阳、月亮和行星，它们通过这种倾向的作用而始终

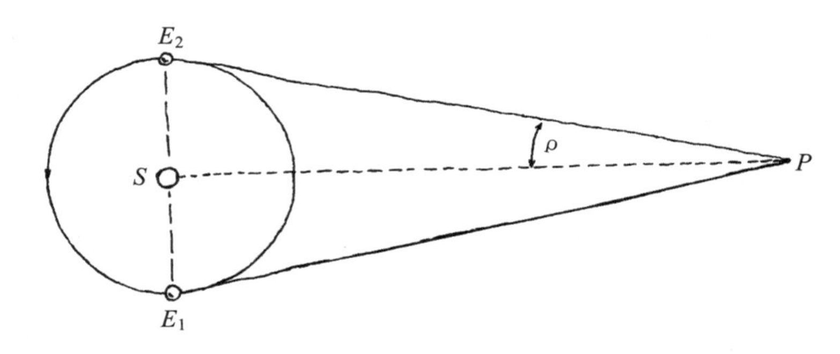

图 15　恒星的周年视差是角 p，通过它可以计算出恒星与太阳和地球的距离。地球在半年间的位置分别为 E_1 和 E_2。E_1E_2 给出了一条 200000000 英里的基线，由它可以观测恒星 P，得到角 E_1PE_2 或 2ρ。

保持球形。地球附近的物体也许受制于这种倾向，或者附近的空气和其中的物体由于靠近地球而参与地球的旋转。”哥白尼给出的这些建议（《天球运行论》I，8—9）可以说是后来所谓万有引力概念和惯性概念的雏形。

还有一个问题在某种意义上更难回答，那就是太阳系自身的本性。如果哥白尼仍然坚持亚里士多德的物理学原理（他从未提出一门新物理学来取代亚里士多德的物理学），那么他如何能够解释地球的周日自转和周年公转这两种违反本性的运动呢？事实上，哥白尼不得不说，绕太阳运动的地球“只不过是另一颗行星”。 49 但宣称地球“只不过是另一颗行星”似乎已经违背了亚里士多德的理论，因为亚里士多德认为地球和行星由不同物质所构成，服从不同的物理法则，因此行为方式是不同的。要让地球围绕太阳作圆周运动，似乎意味着地球在作受迫运动；但是根据亚里士多德的物理学，作自然直线运动的只是由地界物质构成的物体，而不是整个地球。事实上，在旧的亚里士多德物理学中，地球根本不可能运动，无论是自然运动还是受迫运动。哥白尼提出"旋转对于球体来说是自然的"，于是得出结论说(《天球运行论》I，8)，由于地球是球形，"如果有人相信地球在旋转，那么他一定会认为地球的运动是自然的，而不是受迫的"。虽然这里哥白尼正在拓展亚里士多德物理学，引入一些有违亚里士多德基本准则(比如地球不可能运动)的观念，但他并没有提出一个完全可行的新的物理学体系，以解决由地动引出的一系列问题。

哥白尼必须面对的最后一个物理问题与月球有关。虽然地球绕太阳旋转，但落体依然竖直下落，飞鸟也不会失踪，在哥白尼体系中可以解释说，这是因为空气以某种方式附着于地球。也就是说，正如哥白尼(《天球运行论》I，8)所假定的，由于地球附近的空气以某种方式"连在"地球上，所以会参与地球的运动；空气将会与地球一起旋转，并且在太空中运行。因此，当地球绕轴自转和绕太阳公转时，空气会使物体在下落时保持与地球的相对位置，所以(在地球上的观察者看来)它们会竖直下落。于是，落体有"双重"运动——"直线运动与圆周运动的复合"。哥白尼并没有讨论关于飞鸟或云的论证，不过这些情况与物体的升落并没有什么区别。但这个论证不能推至月球，因为哥白尼认为，只有距离地球相对较近的空气才能被地球携带着行进。如果距离地球过远，则"那部分空气……不会再与地球一起运动"。月球的情况还需要其他解释。哥白尼很难回答这个问题。

50

至此，我们讨论了哥白尼体系的两个方面：第一，它至少与托勒密体系同样复杂；第二，假如接受哥白尼体系，那么就会引出一些显然无法解决的物理学问题。考虑到哥白尼体系中还有其他一般困难，我们很容易理解，1543 年《天球运行论》的出版本身并不构成物理学或天文学思想的一场革命。

哥白尼宇宙的问题

除了纯科学的问题，地动观念还对思想构成了严重的挑战。归根结底，人类宁愿认为自己的居所在太空中固定不动，并且被安排在适当的位置，而不是一粒可有可无的微尘，在浩渺甚至是无限的宇宙中漫无目的地飘荡。亚里士多德赋予地球以独特地位，假想它有一个固定的位置，这使人倍感自豪；而在一个小得可怜（与木星、土星相比）、位置无足轻重（在七个行星轨道中排第三）的行星上，这种自豪感无从谈起。说地球“只不过是另一颗行星”暗示，它甚至不是唯一可居住的星球，这意味着地球人可能并非独一无二。或许还有其他恒星像太阳一样带有若干行星，每颗行星上都有其他类型的男人和女人。16 世纪的大多数人还无法接受这种观念，他们的感官证据加强了这一偏见。行星就是行星！任何人看到行星——金星、火星、木星或土星——时都会立刻“看到”那是“另一颗星”，而不是“另一个地球”。虽然这些移动的“星辰”比其他恒星更明亮，漫无目的地游走于群星之间，偶尔还会发生逆行，但这并不意味着它们与其他星辰有什么区别。这些属性显然不能使“漫游的星辰”（所谓的行星）类似于我们脚下的地球。所有“常识”都反对地球“只不过是另一颗行星”的观念，如果这还不够，那么还有《圣经》的证据。《圣经》中一再提到运动的太阳和固定的地

51

球。甚至在《天球运行论》一书出版之前,马丁·路德(Martin Luther)在听说哥白尼的思想以后,立即猛烈抨击它违背了《圣经》。我们都知道,伽利略后来因为拥护新体系而与宗教裁判所发生了冲突。

因此我们应当知道,哥白尼新的宇宙体系的成功必定会撼动科学的整个结构和我们的自我认识。哥白尼的著作最终动摇了我们关于宇宙本性和地球的看法,引起了深刻巨变。正因为此,我们才可以将科学革命的第一步定在 1543 年。它所提出的问题及其内涵直指物理学和天文学的基础。由上所述,我们可以很清楚地看到,物理科学某一部分的变化如何能够改变整个科学的面貌。见证了现代原子物理学和量子理论发展的当今科学家必定很熟悉 52 这种现象。但最能表明科学结构统一性的莫过于这样一个事实,即不论是简单形式还是复杂形式的哥白尼体系,都不能凭借自身站住脚。它需要对当时有关物质本性的观念,行星、太阳、月亮和恒星的本性的观念,以及作用力与运动之关系的观念进行改造。有句话说得不错,哥白尼的意义与其说在于他所提出的体系,不如说在于他所提出的体系能够在物理学中引发伟大的革命,我们今天把它同伽利略、开普勒和牛顿等人的名字联系在一起。所谓的哥白尼革命实际上是后来伽利略、开普勒和牛顿等人的革命。

第四章　探索宇宙深处

53

科学行进的节奏与音乐不无类似。就像在奏鸣曲中那样，某些主题会以一连串有序变奏依次重现。哥白尼在科学史上的地位正可说明这一过程。虽然他的体系并不像通常所说的那样简单或具有革命性，但其著作的确提出了自古以来潜藏在每一种宇宙体系背后的所有那些问题。虽然亚里士多德和托勒密对地球静止给出了许多精致论证，但人们从未认定他们所攻击的地动观念是完全不可能的。

新物理学的演进

就像一部有着完美结构的音乐作品，哥白尼的主题是分节分段呈现出来的。古代的赫拉克利德(Heraclides of Pontus)曾经提出地球旋转的观念，但没有提出轨道运动。而阿里斯塔克则提出地球既绕轴自转，又和其他行星一样绕太阳公转。到了拉丁中世纪，法国人尼古拉・奥雷姆(Nicole Oresme)和德国人库萨的尼古拉(Nicolas Cusanus)等哥白尼之前的思想家也都提出了地球运动(旋转运动)的可能性，如果地动主题在哥白尼之后不再显示出来，那才真会异乎寻常。《天球运行论》包含了当时关于日静宇宙最完

54

整的论述，在天文学和宇宙论的专家看来，它提出了许多新颖的重要内容。奏鸣曲的逻辑将主题的原始呈现引向继起的变奏，但并未精确规定这些变奏应当是什么样；同样，科学发展的逻辑使我们能够预言，哥白尼的观念必定会引出哪些后果，接受新的世界观必然会导致哪些思想变化。但历史表明，世界各地的学者对哥白尼观念的逐渐接受在 1609 年猝然变化，那时一种新的科学仪器大大改变了讨论哥白尼体系和托勒密体系的水准和方式，以至于在近代天文学的发展中，这一年使 1543 年相形见绌。

正是在 1609 年，科学家第一次用望远镜对天空作了系统研究。事实证明，托勒密犯了一些严重的错误，哥白尼体系与新的观测事实能够很好地符合，月球和行星的属性使其在各个方面都非常类似于地球，而不像恒星。

1609 年以后，在讨论这两大世界体系各自的优点时，必须转向哥白尼和托勒密认识范围之外的现象。一旦日心体系被认为在“实在”中可能有基础，它就会促使人们去寻找一种既能适用于运动的地球，又能适用于宇宙的物理学。望远镜的引入本身或许已经足以改变科学的进程，但 1609 年还有一项发现更是加速了科学的革命，那就是开普勒发表的《新天文学》(*Astronomia nova*)。它不仅简化了哥白尼体系，去除了所有本轮，而且还确立了两条行星运动定律，我们将在后续章节中讨论。

伽利略

55　将望远镜用作科学仪器，奠定新的观测天文学和新物理学之基础的人是伽利略。1609 年,他在威尼斯共和国帕多瓦大学任教授,那时他已经 45 岁,早已超出了一般认为能够做出重大科学发现的年龄。除了那些王公贵族,伽利略是最后一位以名字流传后世的意大利伟人。1564 年,伽利略出生于意大利的比萨,米开朗琪罗(Michelangelo)差不多在同一天逝世,莎士比亚也于同年降生。父亲把他送到比萨大学,他善于嘲讽,好与人争辩,很快就获得了“争辩者”(wrangler)的绰号。他最初想学医,因为医生的薪酬要高于大多数职业,但不久就发现,医学并不适合自己。他发现了数学的美,此后终身致力于数学以及物理学和天文学。我们不知道伽利略具体是什么时候以及如何成了一个哥白尼主义者,根据他本人的说法,这一时间早于 1597 年。

早在使用望远镜之前,伽利略就对天文学做出过贡献。1604 年,一颗“新星”突然在蛇夫座出现。伽利略表明,这是一颗“真正的”恒星,位于天界,而不在月亮天球之内。也就是说,伽利略发现这颗新星观测不到视差,所以距离地球非常遥远。这样,他便给亚里士多德的物理学体系以沉重一击,因为他证明,变化也可以在天界发生,而亚里士多德却认为,天界是不变的,变化只能发生在地球及其周边。由于这是第二颗观测不到视差的新星,所以这更加强了伽利略的信心。上一次是 1572 年,丹麦天文学家第谷·布拉赫(Tycho Brahe,1546—1601)发现仙后座出现了一颗新星。第谷是哥白尼与伽利略之间的主要天文学家,他的一大成就是设计制造了改良的观测仪器,确立了天文观测新的精确标准。第谷的新星最亮时堪比金星,随后亮度逐渐减弱,一共照耀了 16 个月。这颗星检测不到视差,也没有参与行星运动,而是相对于其他恒星保

56

持恒定方位。第谷正确地得出结论说，无论亚里士多德及其追随者有过什么说法，变化的确可能在恒星区域发生。第谷的观测进一步反驳了亚里士多德的学说，但致命一击还要等到伽利略第一次把望远镜转向星空的那一夜。

望远镜：巨大的飞跃

望远镜的历史是一个有趣的话题。有学者试图证明望远镜早在中世纪就设计出来了。1571 年，托马斯·迪格斯的一本书中描绘了一种类似于望远镜的仪器。有一架望远镜上面刻着，1590 年在意大利制造。1604 年前后，这架望远镜落入一位荷兰科学家之手。我们并不清楚这些早期仪器对于望远镜的发展有何影响，这种发明或许曾经有过，但后来失传了。不过 1608 年，荷兰人的确重新制造了望远镜，而且至少有三个人声称自己是制造望远镜的"第一人"。我们这里不必关心谁是望远镜的发明者，而主要是为了了解望远镜如何改变了科学思想的进程。1609 年初，伽利略听说了有关望远镜的消息，但没有关于制造的具体信息。他告诉我们：

> ……有传言说，某位荷兰人制造了望远镜，能将遥远物体变为宛若近处般清晰可见。关于这一美妙成果，各种消息正在广为流传，对此有些人加以肯定，有些人则予以否定。几天以后，法国巴黎贵族雅克·巴多维(Jacques Badovere)的一封来信帮助我证实了这一传言，最后也促使我全力去探究它的

57

> 原理，思索如何发明出类似的仪器。不久以后，以折射理论为基础，我做到了。首先，我预备了一段铅管，将两个玻璃镜片分置在两端，两个镜片都有一面是平的，另一面分别为凸透镜球面与凹透镜球面。然后，我从凸透镜向外观看，物体显得又大又近，令人满意。实际上，与肉眼观看相比，它们被拉近了3倍，显得有9倍大。后来，我又制作了一架更为精确的望远镜，能将物体放大60多倍。最后，我耗费了大量精力与资金，终于成功地制造出一架相当卓越的仪器，通过它看到的事物较肉眼观看时拉近了30多倍，显得有千倍大。

伽利略并非唯一一位把这种新的仪器指向天空的观察者。在他之前，可能已经有两位观察者——英国的哈里奥特(Thomas Harriot)和德国的马留斯(Simon Marius)。但一般认为，是伽利略第一次把望远镜用于天文学，其原因正如英国天文学史家贝里(Arthur Berry)所说："他持之以恒地考察一个个对象，只要有可能得出合理的结果，他就会锲而不舍地追寻线索，并会以独立的思想来解释观测结果，尤其是他能够洞察到这些结果在天文学上的重要性。"此外，伽利略还第一次在出版的著作中描述了通过望远镜所看到的宇宙。他在1610年的书中向全世界传播的"讯息"使天文学发生了革命。(参见附录1)

望远镜的种种发现深刻地影响了伽利略的生活，这一点再怎么形容也不过分。事实上，这些发现不仅对伽利略的个人生活和思想，而且对整个科学思想史都产生了重要影响。伽利略也许是

58 有史以来看到天的实际状态的第一人。[1] 他发现的所有证据均支持哥白尼体系而反对托勒密体系，至少是削弱了古人的权威性。作为一个凡人，他探入宇宙深处，第一次看清了天的真实状况，并告知世人。这种震撼人心的经历对伽利略的影响极深，只有恰当地考察 1609 年的事件，才能理解他此后的生命轨迹。而且只有如此，我们才能理解那场标志着近代物理学开端的伟大的动力学革命是如何发生的。

要了解这些事件是如何发生的，我们不妨看看伽利略所著的《星际讯息》(*Sidereus nunicus*，可译为 *The Starry Messenger* 或 *The Starry Message*)。书的副标题写着"伟大、非凡、惊人的奇景，供每个人，尤其是哲学家和天文学家思考"。书的扉页宣称，这些新近观察到的现象可见于"月球表面、无数的恒星、星云，特别是以不同距离和周期围绕木星快速运转的四颗游动的星星，在作者最近观察到它们并决定将其命名为美第奇星(Medicean Stars)之前，从未有人知晓它们"。

月球景象

在描述了望远镜的构造和使用方法之后，伽利略立即开始探讨所取得的成果。他将"回顾过去两个月中所作的观察，并再次提醒那些追求真正哲学的人关注这些重要思考的最初几步"。

59 第一个需要研究的天体是月球，它是除太阳以外最显眼的天

① 事实上，他不大可能知道在他之前是否有其他观察者用望远镜对天作过研究。

体，而且离我们最近。伽利略书中所配的粗糙的木刻插图无法传达这种新的月球景象带给他的惊喜之情。望远镜观察到的月球景象（插图 2 和插图 3）展现给我们的是一个死寂的世界——没有颜色，（至少在我们看来）毫无生机。然而照片上清晰显示的，也是 1609 年让伽利略大为震撼的特征，却是月球表面那种宛如幽灵般的地球（earthly）景象。任何看到这些照片，或者透过望远镜看到这种景象的人，无不感到月球是一个缩微的地球，无论它看起来有多么死寂。那里有山，有谷，有海洋，有岛屿。虽然我们知道，正如伽利略后来所发现的，月球上并没有水，这些海洋般的区域并不是真正的海，但我们还是称它们为“月海”（maria）。（见附录 2）

至于月球上的斑点，无论 1609 年以前有什么说法，伽利略都以一种冷静的全新眼光来审视它们（插图 4）。他发现，“月球表面并不像许多哲学家所相信的那样是一个平滑、均匀的完美球体，而是粗糙不平，充满了凹陷与隆起，遍布着山脉与深谷，与地球表面并无多少不同”。伽利略以高超的手法描述了与地球相似的月球情形：

> 在月球上，不仅明暗界限是起伏不平的，更令人惊奇的是，许多亮点出现在月球的暗区之中，与亮区完全分开，离得相当远。一段时间之后，这些亮点逐渐变大，也变得更亮。一两个小时之后，它们会与亮区的其余部分结合在一起，形成更大的亮区。同时，在暗区中浮现出更多亮点，它们变得越来越大，最终也和进一步扩展的明亮表面合为一体。在地球上，在太阳升起以前，不是只有山的顶峰为阳光所照耀，而平原依然

插图 2　当伽利略第一次把望远镜对准月球时，呈现在他眼前的是一幅类似于地球、但却死寂的景象。

插图 3　伽利略第一次看到了月球上的环形山。他的观察终结了月球是光滑的完美球体的古老观念。

插图 4 伽利略本人所绘的月球，这里按照展示天文图片的习惯作了颠倒。望远镜镜头中呈现的是颠倒的景象。

> 在阴影笼罩之中吗？当这些山的山腰与更大的部分被照亮时，阳光不是会继续扩展吗？太阳最终升起后，平原与山丘受到阳光照耀的区域，难道不会合为一体吗？但在月球上，隆起与凹陷的差异似乎超过了粗糙不平的地球，后面我们将表明这一点。

60

伽利略不仅描述了月球的山的形状，而且还测量了它们的高度。[1] 一旦发现某种现象，便要对其进行测量，这是伽利略作为现代科学家的一个特征。当望远镜表明，月球和地球一样有山时，我们已经觉得不错了。但如果被告知，月球上不仅有山，而且其精确高度是 4 英里，那该是多么了不起，多么令人信服啊！伽利略对月球山高的测定经受住了时间的检验，今天我们依然同意他所估计的最大高度。（读者如有兴趣，请参见图 16 所示的伽利略计算月球山高的方法。）

要想知道伽利略对月球所作的实际描述（就像飞行员从空中对地球的描述那样）与当时的流行看法有何不同，可以读一读但丁《神曲》中的诗句。一般认为，这部写于 14 世纪的著作是反映中世纪文化的代表作。在这一节中，但丁来到了月球，比阿特丽斯（Beatrice）用“神音”（divine voice）与之讨论月球的某些特征。在这位中世纪的太空旅行者看来，月球是这样的：

---

[1] 我们时代的一个奇迹是，我们的宇航员果真登上了月球，并且发现其表面正如伽利略所描述的那样——这是数百万观众在电视机前亲眼目睹的一桩伟绩，并为后代留下了照片和岩石样本的证据。

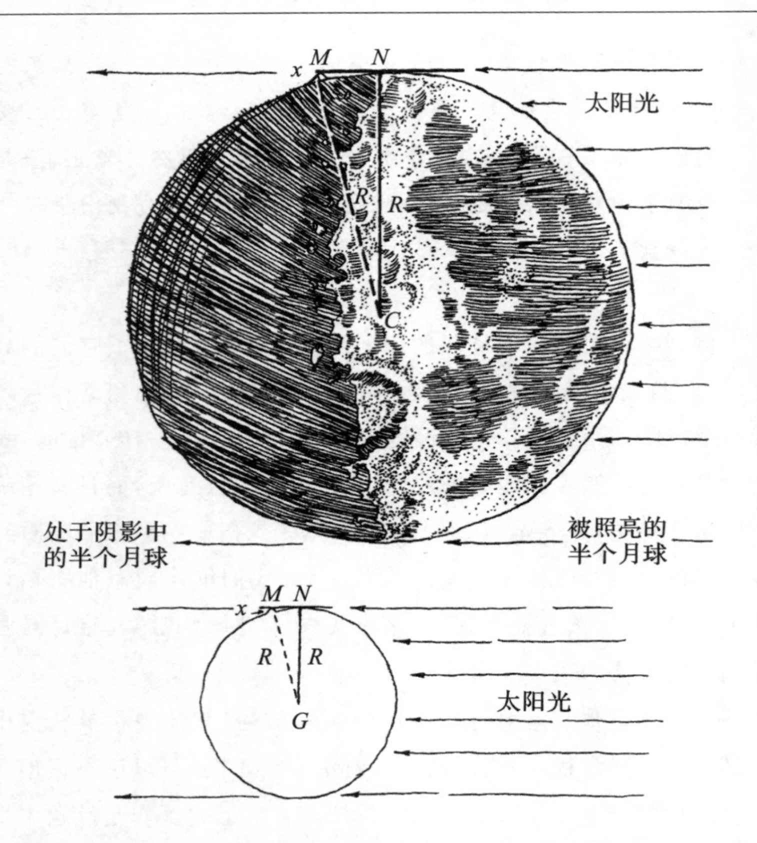

61

图 16　伽利略对月球山高的测量简单而令人信服。点 N 是月球明暗的界点(分界)。点 M 是暗区观察到的一个亮点;伽利略正确地猜测,这个亮点就是山的顶峰,由于月球的弯曲,山脚仍处于阴影中。由已知的月地距离可以计算出月球半径,并通过望远镜估算出 MN 的距离。根据毕达哥拉斯定理,$CM^2=MN^2+CN^2$。既然 R 是半径,x 是山的高度,则有

$$(R+x)^2=R^2+MN^2,$$

即
$$R^2+2Rx+X^2=R^2+MN^2,$$

即
$$x^2+2Rx-MN^2=0$$

由此很容易解出山高 x 的值。

我觉得，仿佛有一层云雾把我们围拢，
那云雾明亮厚重，坚实洁净，
如太阳照耀下的金刚石那般晶莹。
这块永恒的宝石将我们揽入怀中，
如同一池清水接受光辉照映，
却依然保持统一完整。

但丁问比阿特丽斯：　62

"但是，请您告诉我：
这个物体的那些黑色痕迹究竟是什么？
下面尘世的人把这些痕迹作为该隐的寓言来述说。"
她嫣然一笑，随即对我说：
"如果说凡人的看法在感官的钥匙
无法打开的地方犯错误，
如今惊奇之箭也肯定不该把你刺中，
因为你已经看出，追随在感官之后的理性，
双翼很短，也无法飞得很远。"

但丁写道，人的感官欺骗了他，实际上月球是永恒的、完美的、绝对球形的，甚至是同质的。他认为人不应高估理性的力量，因为人的心智尚不足以洞悉宇宙的奥秘。然而，伽利略却相信被望远镜放大了的感官所揭示的东西，他断言：

> 如果有人想要复兴古老的毕达哥拉斯观念，认为月球就像另一个地球，那么其较亮的部分也许很适合代表地面，较暗的区域代表水面。我毫不怀疑，如果远观沐浴在阳光中的地球，陆地会显得较亮，水域则会显得较暗……

尽管其中关于水的论述是错误的（伽利略后来作了修正），但这一结论的重要之处在于，伽利略认识到，月球表面为地球并非独一无二提供了证据。既然月球与地球类似，他证明了至少距离最近的天体并不像古代权威所说的那样，天体是光滑的完美球形。伽利略对此并非只是略微提及；紧接着，他在比较月球的某个部分与地球的某个特定区域时，又回到了这一观念："在月球表面中央有一个正圆形的凹洞，它比所有其他凹洞都要大……至于亮区和暗区，如果其四周为按照正圆排列的高山所环绕，那么就会宛如波希米亚（Bohemia）。"

63

地球反照（earthshine）

这时伽利略介绍了一个更加惊人的发现：地球反照。从插图5中复制的照片可以看到这种现象。照片清楚地显示，就像我们透过望远镜看到的月球那样，月球的暗面有伽利略所谓的"二次"照亮，如果用几何方式将其表示出来，就会发现它与地球反射到月球暗区的太阳光非常吻合。这不可能是月球自身的光线，也不可能是星光，因为那样一来，它在月蚀的时候也会显示出来，而实际上并非如此。它也不可能来自金星或其他行星。伽利略问道，关

插图 5　正如伽利略所说，“通过一种平等互惠的交换”，地球给月球带去了光明。这张照片摄于耶基斯(Yerkes)天文台，显示了月球上受地球反照的那部分，否则它将处于黑暗之中。

于月球被地球照亮，有哪些值得注意的地方呢？“通过一种平等互惠的交换，地球回敬月球的光，相当于它在最幽暗的整个夜晚从月球接受到的光。”无论伽利略的读者会多么惊讶于这种发现，必须指出，此前开普勒的老师梅斯特林（Michael Mästlin）在一次关于月食的争论（1596）中，以及开普勒本人在1604年的一部光学论著中都曾讨论过地球反照。

伽利略在结束关于月球的描述时告诉读者，他会在《关于两大世界体系的对话》中对此作更详尽的探讨。他说：“在那本书中，我将通过许多论证和经验表明，地球的确可以反射太阳光，从而反对那些认为地球不运动、不发光，因而不是漫游的星体[或天体]的人。我们将证明，地球是一颗漫游的星体[即行星]，亮度超过月球，而且不是承载宇宙所有废料的垃圾场，我们将用自然的无数证据来印证这一点。”这是伽利略第一次宣称他在写一本关于世界体系的书。这本书拖延了许多年，其最终出版导致宗教裁判所对他进行了审判和谴责，并判处他监禁。

64 我们来看看伽利略到目前为止证明了哪些东西。他表明，古人关于月球的描述是错误的；月球并非他们所描绘的完美天体，而是类似于地球，因此不能说地球独一无二，区别于所有其他天体。此外，他对月球的研究还说明地球是发光的，再也不能说地球像行星一样不能发光。如果地球与月球一样可以发光，那么诸行星或许也可以通过反射太阳光而发光！要知道，在1609年，关于行星是像太阳或其他恒星那样本身发光，还是像月球一样通过反射外来的光而发光，仍然是个悬而未决的问题。我们马上就会看到，伽利略最伟大的发现之一便是，行星在绕太阳运转时因反射太阳光而发光。

繁星满天

在转入这个主题之前，我们先对伽利略的其他发现略作介绍。在对恒星进行观察时，伽利略发现，无论是固定不动的还是漫游的星体*，似乎都“不能被望远镜放大到与其他物体（甚至是月球本身）相同的比例”。此外，伽利略还提请大家注意在望远镜中“行星与恒星在外观上的差异”。“行星呈现出边界清晰的完美球形，看上去就像为光所笼罩的小月球；而恒星从来都看不到圆形的边界，而是呈现出火焰的样子，光线摇曳不定，火花四射。”伽利略这样回应了诋毁哥白尼的人。与行星相比，恒星与地球的距离显然要遥远得多，因为望远镜能将行星放大到看起来像一个圆盘，但却不能将恒星放大到同样程度。

伽利略提到他“惊诧于恒星数量的繁多”，它们的数量是如此之多，以至于“在旧有恒星周围的 1 至 2 弧度内分布着 500 多颗新的恒星”。在先前已知的猎户座腰带上的 3 颗星和剑上的 6 颗星附近（图 17），他又增添了“80 颗邻近的星”。在几张图片中，他展示了其观察结果，在旧有恒星之间又新发现了许多恒星。虽然伽利略并没有明说，但这暗示着人们无需再迷信古人，因为他们并没有看到大部分恒星，却可悲地根据贫乏的证据得出了结论。伽利略通过“银河的本性和构成”揭示了肉眼观察的缺陷。他写道，借

65

* 这里不仅指行星，而且还包括伽利略新发现的木星卫星。——译者注

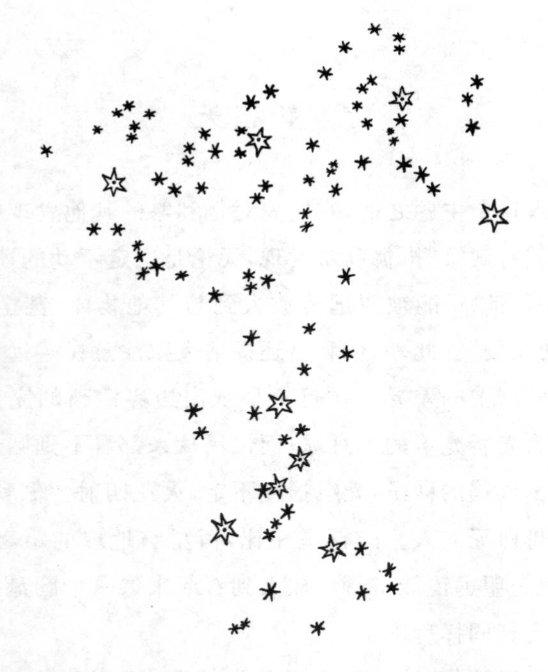

图 17 透过伽利略的望远镜看去，猎户座的腰带和剑所包含的恒星（较小的星）比肉眼所见多 80 颗。

助于望远镜，银河可以“如此直接地详加考察，这在视觉上昭然若揭，困扰历代哲学家的所有争论都可以迎刃而解，我们终于不必为此作口舌之争了”。透过望远镜看去，银河“只不过是无数星体成团地聚集在一起。无论将望远镜对准它的哪一部分，都会有众多星体立即呈现在眼前”。不仅银河是如此，“被自古以来天文学家称为‘星云’的那些星体”也是如此，它们“都是由许多小星星按照美妙的方式群集而成的”。现在要公布一则重要的消息：

> 到目前为止，我们已经简要说明了我们对月球、恒星与银河的观测。然而我认为值得考虑的最重要的事情还没有说，那就是宣布自古以来从未观察到的四颗游动的星星，告诉世人我发现和研究它们的机缘，它们的排列，以及在过去两个月里对其运动和变化所作的观察。我促请所有天文学家都来研究它们，确定它们的周期。由于时间短促，我尚不足以完成此工作。不过我还是要再次告诫大家，必须使用一架非常精准的望远镜，类似于我们开始时描述过的那种。

71

有趣的是，伽利略把新发现的天体称为“美第奇星”，虽然我们会称其为木星的月球(moons)或卫星(satellites)[①]。不要忘了，在伽利略时代，几乎所有天体都被称为“star”(星)，它不仅包括恒星，还包括漫游的星(行星)。因此新发现的漫游者，即行星，也可以被称为“star”。事实上，伽利略这本书的大部分内容都致力于对木星及其附近的“星”进行系统观察。它们有时在木星以东，有时在木星以西，但从来都不会离得太远。它们伴随着木星，“无论是逆行，还是直行，都始终如一”，因此它们必定与木星有某种联系。

木星的证据

伽利略起初以为，它们可能只是出现在木星附近的新的星体，

① 牛顿在其《自然哲学的数学原理》(1687)中使用了现代意义上的“卫星”(satellite)一词之后，它才成为标准科学语言的一部分。

但后来发现,它们一直随木星一起运动,从而否定了这种看法。(见附录2。)伽利略还表明,它们绕木星运转轨道的大小和周期均不相同。我们来看看伽利略本人得出的结论:

> 这是一个绝佳的证据,足以消除某些人的疑惑。他们平静地接受了哥白尼体系中行星围绕太阳的运转,却极度困惑于月球绕地球运转并伴随地球绕太阳作周年运转。有些人认为这种宇宙结构是不可能的,应当予以抛弃。然而现在我们发现,不止一颗行星正围绕另一颗行星运转,而它们又沿着一个很大的轨道围绕太阳运转;我们亲眼观察到有4颗星正绕着木星运动,就像月球绕着地球运动一样,同时这4颗星又同木星一起,以12年为一个周期,在一个极大的轨道上围绕太阳运转。

72 木星宛如一个小型的哥白尼体系模型,四个小物体在其中绕着木星运动,就像行星绕着太阳运动一样。如此便消解了反对哥白尼体系的一个主要理由。这里,伽利略无法解释木星在沿轨道运行时,为何不会失去那四个绕其旋转的伴随者,就像他无法解释地球在穿越太空时,为何不会失去绕其旋转的月球一样。不过,无论他是否知道个中原因,在所构想的任何世界体系中,木星都被认为沿着轨道运行。既然木星可以带着它的四颗卫星在轨道上运行,为何地球就不能带着它那颗月亮运行呢?此外,如果木星有四颗卫星,那么就不能认为宇宙中只有地球带有卫星,且因此是独一无二的。何况,拥有四颗卫星肯定要比仅仅拥有一颗更引人注目。

虽然伽利略的著作以描述木星的卫星作结,但在探讨伽利略所作研究的意义之前，我们不妨先说说他用望远镜做出的另外三项天文发现。首先是发现金星有位相变化。伽利略有太多理由为此感到惊喜。首先，它表明金星并非自身发光，而是通过反射光而发光的；这意味着，金星在这方面与月球类似，也与地球类似（伽利略已经发现地球是通过反射太阳光而发光的）。这是行星与地球的另一个相似之处，它进一步消除了古代在天地之间建立的哲学壁垒。不仅如此，由图 18A 可以看出，如果金星沿轨道绕太阳运转，那么金星不仅会表现出一轮完整的位相变化，而且在同一放大率下，不同的位相将呈现出不同尺寸，因为金星与地球的距离在不断变化。例如，当金星处于某个位置，能够让我们看见一个整圆或近乎一个整圆时（相当于满月的情形），金星就位于绕日轨道上与地球相对的位置，或者说与地球距离最远。当金星呈现为半圆时（相当于弦月的情形），金星距离地球就没有这么远。最后，当我们仅能看到模糊的新月形时，金星必定距离地球最近。因此我们可以预料，当金星是模糊的新月形时，它会显得很大；当它是弦月形时，则会显示中等大小；当我们看到整个圆盘时，它必定显得很小。 74

根据托勒密体系，金星（和水星）永远不可能距离太阳很远，而只能作为晨星或暮星位于太阳升起或落下的位置附近。金星本轮的中心将永远处于地心与日心的连线上，并且像太阳那样每年绕地球旋转一周。但如图 18B 所示，在这种情况下，我们显然不可能看到伽利略所观察到的金星的完整位相变化。而事实上我们看到了。例如，只有当金星比太阳距离地球更远时，我们才能看到金星呈圆盘状；而根据托勒密体系，这种情况是绝不可能出现的。这是对托勒密体系非常致命的一击。

73

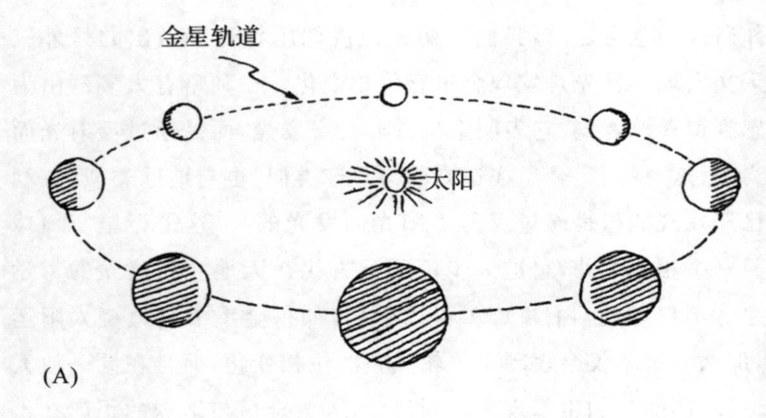

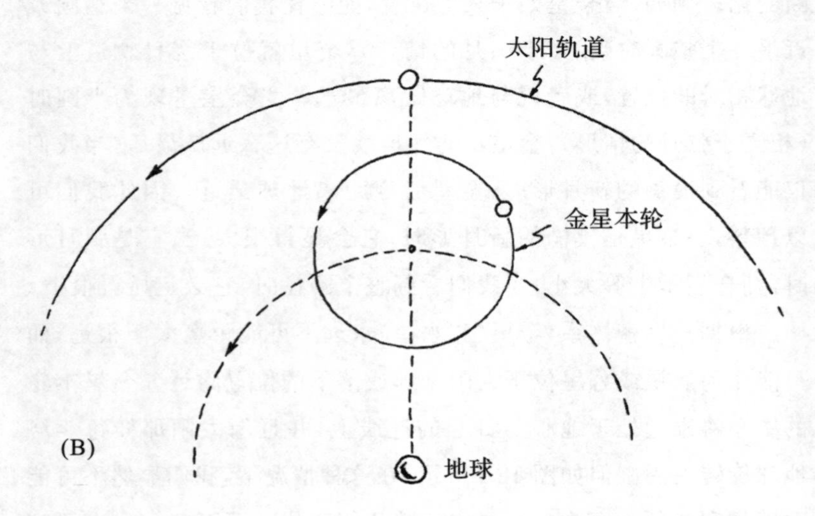

图 18　伽利略首次发现了金星的位相，这是反对古代天文学的有力证据。在图(A)中，我们可以看到位相的存在符合哥白尼体系，金星相对视直径的变化支持了行星拥有绕日轨道的观念。在图(B)中，我们可以看出为何在托勒密体系中不可能出现这种现象。

关于伽利略的另外两项望远镜发现，我们不必说太多，因为它们的影响力不如上述发现。其中一项是，土星有时看上去有一对“耳朵”，而且这对“耳朵”有时会改变形状，甚至消失不见。伽利略不可能解释这种奇异的现象，因为他的望远镜无法探测出土星环。但至少他可以用证据表明，认为行星是完美的天体是何等谬误，因为它们可以呈现出如此奇特的形状。他最有趣的发现之一是太阳黑子，他在《关于太阳黑子的书信》(*History and Demonstrations Concerning Sunspots and their Phenomena*，1613)中对此作了描述。黑子现象不仅证明连太阳都不是古人所描述的完美天体，而且伽利略还从中推出太阳在旋转，甚至计算出了太阳绕轴自转的速度。虽然太阳旋转这一事实在伽利略的力学中变得极为重要，但这并不意味着地球必须绕太阳作周年旋转。

新的世界

75

不难想见，这些新发现引起了人们极大的兴趣，他们口耳相传，伽利略声名鹊起。将木星的卫星命名为“美第奇星”亦使伽利略如愿担任了美第奇家族科西莫大公(Grand Duke Cosimo)的宫廷数学家，并使其回到了他所热爱的佛罗伦萨。发现新行星被誉为发现了新大陆，人们将伽利略与哥伦布相提并论。不仅科学家和哲学家为这些新的发现而欢呼，所有那些有识之士、诗人、廷臣和画家也都兴奋异常。艺术家齐格利(Cigoli)* 为罗马一座小教

* 齐格利(Cigoli，1559—1613)，意大利画家、建筑师和诗人。——译者注

堂所作的一幅画的主题便是伽利略关于月球的望远镜发现。法贝尔(Johannes Faber)在一首诗中这样称颂伽利略：

折服吧，韦斯普奇(Vespucci)*；让位吧，哥伦布。
的确，他们曾向着未知的海洋起航……
但是伽利略啊，
只有你给了人类璀璨的星列，
那是新的天界。

红衣主教巴贝里尼(Maffeo Barberini)写了一首诗赞颂伽利略，说想用伽利略的名字为自己的诗增光添彩。他便是后来的教皇乌尔班八世(Urban Ⅷ)，正是他命令宗教裁判所审判了伽利略。琼森(Ben Jonson)**写了一部假面剧暗示了伽利略的天文学发现；琼森称其作品为《来自新世界的消息》(*News from the New World*)——这里的新世界不是指美洲，而是指月球，那里的消息可以由望远镜传来(虽然这里是通过诗歌)。下面摘录英国驻威尼斯大使沃顿(Henry Wotton)爵士写的一封信，从中可以了解这则消息是如何传播的。此信写于1610年3月13日，适逢伽利略的《星际讯息》在威尼斯出版：

---

* 韦斯普奇(Amerigo Vespucci，1454—1512)，意大利裔西班牙航海家、新大陆探险家。美洲的名字即以他的名字命名。——译者注

** 琼森(Ben Jonson，1572—1637)，英国剧作家、诗人和评论家。——译者注

谈到近来发生的事情，我将呈给陛下一则最奇特的消息（的确可以这样说），这要比世界任何地方收到的消息更为奇特，那就是帕多瓦的一位数学教授所著的新书（正好今天问世）。他使用了一种光学仪器（既能放大又能拉近物体），这种仪器最先在弗兰德斯地区（Flanders）发明出来，他又作了改良。借助于这种仪器，他发现了四颗新的星星在木星周围旋转，以及许多其他不知名的恒星；同时，他还发现了银河的真正成因，对此人们已经研究了很久；最后，他发现月球并非球形，而是有许多凸起，最奇怪的是，他说月球发出的是经地球反射的太阳光。总而言之，他抛弃了先前的所有天文学（因为我们必须有一个新的领域来拯救现象）和占星学。由于这些新的星体的性质，就必须改变天界之法，那么为什么不可以改变更多呢？我为陛下报告的这些事情，在这里尽人皆知。这位作者要么会获得巨大的声誉，要么会变得臭名昭著。陛下将从下一次航船收到我寄来的仪器，就是上面所提到的由这个人改进的望远镜。

76

开普勒在其《折光学》（*Dioptrics*）前言中谈到了伽利略的发现，此时他显得不像是科学家而更像是诗人："亲爱的读者，我们现在将怎样利用我们的望远镜呢？是用墨丘利的魔杖横穿流动的苍穹？还是像卢奇安（Lucian）* 一样，为美好的景象所吸引，引领着民众向着无人居住的昏星移民？或者把它制成丘比特之箭，射入

---

* 卢奇安（Lucian of Samosata，约 125—180 后），一译"琉善"，出生在罗马帝国统治下的叙利亚境内的萨莫萨塔城，古希腊修辞学家和讽刺作家。——译者注

我们的眼帘，穿透内心深处，激起我们对金星的爱？”开普勒欣喜若狂地写道：“哦！望远镜，博学多识的仪器，实比任何权杖都要珍贵！拥有你的人，难道不能成为宇宙万物之主宰吗？”

1615年，斯蒂芬斯(James Stephens)对他的情妇说：“你是我的望远镜，透过你，我看到了世界的空虚。”马韦尔(Andrew Marvell)* 这样谈到伽利略发现太阳黑子：

他将镜筒大胆地对准了太阳，
发现了明亮星体上未知的黑点；
它们与太阳百般亲近，将其遮掩，
看似其廷臣，实乃其痼疾。
通过望远镜，太阳似乎听到了这个消息，
于是义无反顾，将它们甩了出去。

77 弥尔顿很熟悉伽利略的发现，我们在第三章中曾经引用过他关于本轮的观点。弥尔顿说，他在意大利的时候“找到并拜访了著名的伽利略，那时他已年迈，是宗教裁判所的囚犯”。在《失乐园》中，他不止一次提到了“伽利略的透镜”，或者那位“托斯卡纳艺术家”(Tuscan Artist)的“光学透镜”，以及由此做出的发现。借助于伽利略发现的重要的月球现象，弥尔顿谈到了“那个布满斑点的星球上新的陆地、河流或山脉”；木星卫星的发现暗示，其他行星也许同样有伴随的卫星：“……你会看见其他太阳，或许还有与之相伴

* 马韦尔(Andrew Marvell，1621—1678)，英国诗人和政治家。——译者注

随的月亮。”然而，尽管谈到了伽利略具体的天文学发现，但弥尔顿印象最深的却是宇宙的空虚寥廓和伽利略所描述的无数颗恒星：

……繁星点点，
或许一星一世界，
各有居民常住。

由此传达出一种情绪：无垠的太空令人恐惧，运动的地球必定是太空中的一粒微尘，飘忽不定。

伽利略这部著作出版后不久，诗人多恩(John Donne)* 感觉敏锐地作了回应。伽利略的研究和发现在多恩的著作中一再出现，特别是，他的《依纳爵** 的秘密会议》(*Ignatius His Conclave*)便以《星际讯息》为讨论主题，其中提到伽利略“最近召唤其他世界、星体到他近前，分别讲述自己”。稍后，多恩称：“佛罗伦萨人伽利略……这时已经彻底知晓了新世界月亮中的所有山林和城市。他利用第一批透镜取得了丰硕的成果，如愿以偿地看到了距离如此之近的月亮以及她身上最小的部分。现在他的技艺已经更为完善，将会制造出新的透镜……把月球拉近，就像在水上漂浮的小船，让它想离地球多近就多近。”

78

在 1609 年以前，哥白尼体系似乎只是一种数学思辨，为“拯救

* 多恩(John Donne，1572—1631)，英国抽象诗派诗人。——译者注

** 圣罗耀拉的依纳爵(St. Ignatius of Loyola，1491—1556)，西班牙耶稣会的创始人。《依纳爵的秘密会议》这部著作是讽刺耶稣会士的。——译者注

现象"而提出的一种建议。其基本假定是，地球"仅仅是另一颗行星"，这与经验、哲学、神学和常识的所有证据都不符，以至于很少人能够直面日静说的可怕推论。但是过了1609年，当人们透过伽利略的眼镜看到宇宙的真实模样之后，他们不得不接受一个事实：望远镜表明世界既不是托勒密式的，也不是亚里士多德式的，因为赋予地球以独特性（以及基于此独特性的物理学）与事实不符。于是只有两种可能：一是拒绝透过望远镜观看，或者即使观看也拒不接受所看到的东西；二是拒斥亚里士多德的物理学以及托勒密的旧的地心天文学。

在本书中，我们更关注的是对亚里士多德物理学的拒斥，而不是对托勒密天文学的拒斥，除非是两者相一致的部分。我们知道，亚里士多德物理学的两条基本假设都无法应对哥白尼的攻击：一是地球的不动性，二是地界四元素物理学与天界第五元素物理学之间的区分。于是我们也许可以理解，在1610年以后，情况变得越来越清楚，必须抛弃旧的物理学，建立一门新的物理学——一种能够适应地球运动的物理学，这是哥白尼体系所要求的。[①]

79　可是在伽利略作望远镜观测之后的那些年里，大多数思想家所关心的与其说是需要一个新的物理学体系，不如说是需要一个

---

① 伽利略所观察到的金星的位相变化和相对尺寸、火星偶尔呈现的凸圆位相，证明了金星以及其他某些行星在绕太阳运转。我们在地球上无法通过行星观测来证明地球绕太阳运转，所以伽利略的所有望远镜发现都可以与第谷在伽利略观天之前所创立的体系相容。在第谷体系中，水星、金星、火星、木星和土星都在绕太阳运转，而太阳则绕地球作周年运转。此外，天的周日旋转被传递给太阳和诸行星，从而地球本身既不自转也不沿轨道运转。对于那些接受了哥白尼的某些革新，同时又试图挽救地球的不动性的人来说，第谷体系颇具吸引力。

新的宇宙体系。地球固定在宇宙中某一点的观念一去不复返了，因为现在认为地球在运动，在任何两个相继的瞬间都不处于同一位置。同时，那种认为地球是独特的，地球与宇宙中任何地方都毫无相似之处的观念也失去了，这种独特性要求有独特的居民。同时还产生了其他问题，其中一个便是宇宙的尺寸。古人认为宇宙是有限的，包括恒星天球在内的每一个天球的大小都是有限的，它们作着周日运动，因此每一部分的速度都是有限的。如果星体距离无限远，那么它们就不可能以有限速度每日绕地球作圆周运动，因为无限远处的物体的路径必定是无限长，而移动无限距离所需的时间不可能是有限的。因此在地静体系中，恒星不可能无限远。但在哥白尼体系中，恒星不仅彼此之间相对固定，而且被认为固定于太空之中，因此没有距离远近的限制。

并非所有哥白尼主义者都认为宇宙是无限的，哥白尼本人肯定和伽利略一样认为宇宙有限，但其他人却认为伽利略的发现表明了无限远处有无数颗星体，相比之下地球只不过是一粒微尘。"人的这个小宇宙"瓦解了，"他在一个已经扩张、并且还在扩张的宇宙中扮演着微乎其微的角色，这种意象清晰地表现在敏感的牧师诗人多恩的诗句中：

……新哲学置一切于怀疑之中，
火元素已被扑灭；
太阳迷失了，地球也迷失了，
没有人的才智，能清楚地引导他到哪里去找寻它们。
人们坦言这个世界已经耗尽，

80

他们在行星中，在天穹里，找到了许多新的世界，

然后又看到它们碎成原子。

一切都是碎片，一切条理都已丧失；

一切都只是供给，一切都只是关系。

第五章　通向惯性物理学

81

1620年之后，哥白尼体系的实在性再也不是一种无端的思辨了。哥白尼本人了解其论证的本质，他曾经在《天球运行论》的前言中明确指出："数学是为数学家准备的。"另一篇未署名的前言强调了这种说法。这第二篇前言是负责出版的德国牧师奥西安德尔(Andreas Osiander)插到书中的。他宣称，哥白尼体系并不是让人讨论真假的，而仅仅是另一套计算工具。在伽利略作出望远镜发现之前，这一切都没有什么问题。但是在这之后，如何解决地动物理学的问题就变得迫切了。伽利略在这方面用功甚多，成绩斐然，他为近代的运动科学奠定了基础。他试图解决两个独立的问题：一是落体在运动地球上的行为为何会与假定地球静止时完全相同，二是为一般的落体运动建立新的原则。

匀速直线运动

我们先来考虑匀速直线运动。它指一种直线运动，在任意两个相等的时段内走过的距离相等。这是伽利略被罗马宗教法庭审判和定罪之后，于1638年出版的最后一部著作《关于两门新科学

82

的谈话》[1]中所下的定义。这本书也许是伽利略最伟大的著作，在其中他提出了关于这门运动科学的最成熟的看法。他特别强调这样一个事实：在定义匀速运动时，必须把“任意”一词包括在内，否则这个定义就失去了意义。他这里一定是在批评他的一些同时代人和先驱者。

假定自然中存在着这种运动。我们也许会和伽利略一样去问，能够设想什么样的实验来演示它的本性？如果我们处于正在作匀速直线运动的船上或车厢中，那么让一个重物自由下落会发生什么？实验将会证明，在这种情形下，落体将会相对于参照系（比如船舱、车厢内部）直线下落，无论该参照系相对于外界环境静止还是作匀速直线运动。换句话说，我们可以得出以下一般结论：在一间作匀速直线运动的密闭屋子里，没有任何实验能够表明我们是静止不动还是在运动。在实际经验中，我们往往能够说出我们是静止不动还是在运动，因为我们可以透过窗户看出我们与地球之间是否有任何相对运动。如果这间屋子并非完全密闭，我们也许会感到流动的空气形成风，感到运动的振动，或者听到马车、汽车、火车的轮子转动。这里涉及某种相对性，哥白尼对此作了明确表述，因为对他的论证来说，很重要的一点是确立以下结论：当两个物体（比如太阳和地球）相对运动时，我们无法说哪个静止，哪个运动。哥白尼给出了两艘船的例子。一艘船上的船员问，到底是哪艘船停驻不动，哪艘船在破浪前进。唯一的办法就是观察陆

83

① 这部著作在莱顿出版。伽利略显然并不赞成（出版商给出的）这一标题，“认为它不严肃，过于通俗”。

地，或者观察第三条停泊的船。今天，我们可以用平行轨道上两列相向而行的火车来说明这个例子。许多人都有过这样的经验：看到一列火车在临近的铁轨上行驶，却误以为是我们在运动，其实是另一列火车在驶离车站，而我们一直没有动。

火车烟囱和运动的船

在进一步讨论这个问题之前，我们先来讨论一个实验。假设有一列火车正沿着直线轨道作近似的匀速运动。火车烟囱中装设了一架小型弹簧炮，使之能够向空中竖直射出钢球或弹珠。装上炮弹安好弹簧之后，由火车下面的一个小扳机控制发射。此实验的第一部分是，列车停在轨道上，小球和弹簧准备停当后扣动扳机。在插图 6A 中，频闪观测仪拍摄的一连串照片显示了相等时段处的小球位置。我们看到，小球先是竖直上升到最大高度，然后又竖直下落到火车上，几乎可以击中小球的发射口。在该实验的第二部分中，火车作匀速运动，再次释放弹簧，所发生的情形如插图 6B 所示。比较这两幅图可以看出，两种情况的向上运动和向下运动完全相同，火车是静止还是向前运动对此并无影响。我们在本章还会回到这个问题，目前要说的是，小球仍会继续随着火车向前运动，而且会落到炮口。显然，这个实验（至少确定了小球是否会回到炮口）无法告诉我们火车是静止还是在作匀速直线运动。　84

即使是那些无法解释这个实验的人也可以从中得出一个非常重要的结论。虽然伽利略无法解释木星在运动时为何不曾失去它的卫星，但这一现象却可以回答那些不明白地球在运动时为何不

插图6　一列玩具火车在向前运动，一个小球由烟囱中的弹簧枪射出，在空中画出一道抛物线后落在火车上，而不是火车静止不动，小球直上直下地运动。这些用频闪观测仪拍摄的间隔为1/30秒的照片生动显示了伽利略关于落体行为的一个论点，解决了关于从运动船桅上释放的物体的运动的古代争论。如果火车速度是绝对均匀的，而且小球没有遇到空气阻力，它就将落在烟囱里。（事实上，甚至在不完美的实验条件下，小球大多也会击中烟囱。）我们注意到，无论火车是运动还是静止，小球都会到达同一高度。此外，在火车静止情况下拍摄的照片中，小球在曝光时间段内走过的距离几乎完全一致。小球上升时，重力减慢了它的速度；而下落时，重力又使之加速。（Berenice Abbott摄。）

会失去月球的人。同样道理，对于那些认为只有地球静止，下落的小球才能竖直下落到抛起的位置，竖直向上发射的炮弹才会落回炮口的人，我们的火车实验（纵然不能解释其原因）已经足以回答他们了。

这里有一点应当注意，我们后面还会回到这个重要的问题，那就是我们刚才所描述的实验并不能精确对应于地球运动的真正情况。因为地球在自转时，其表面上的每一点都在作圆周运动，而在公转时，地球又沿着一个巨大的椭圆行进。不过，对于下落运动通常只持续几秒钟到几分钟的普通实验来说，地球上每一点的运动几乎都可以视为直线运动。

伽利略也许会赞同我们的实验。这个实验其实当时已经有人讨论，但并不多见。（关于伽利略的惯性实验，参见附录9。）通常的参照系是一艘运动的船。伽利略在其名著《关于两大世界体系的对话》中介绍了这个传统问题，以反驳亚里士多德的信念。在讨论过程中，伽利略让代表传统亚里士多德主义者的辛普里丘发言说，在他看来，从运动的船桅顶端释放的物体将会落在甲板上落后于桅杆的位置。辛普里丘先是承认，他从未做过这个实验，但他确信亚里士多德或某个亚里士多德派肯定做过这个实验，否则就不会有关于它的记述。伽利略说，这肯定是一种错误的假设，因为他们显然从未做过这个实验。伽利略何以如此确信？辛普里丘问。他得到的回答是：这个实验之所以从未做过，是因为它所包含的回答是错误的。伽利略给出了正确的回答。物体将落在桅杆脚下，无论船是静止还是运动。顺便说一句，伽利略还在别的地方断言他曾经做过这样一个实验，虽然他在著作中并没有这样说。他在

85

著作中说的是:“我虽然没有做实验,但知道结果肯定如我所说,因为它是必然的。”

为什么无论船是静止还是匀速直线运动,从船桅顶端释放的物体都会落在甲板的同一位置呢? 对于伽利略来说,仅仅指出这一事实还不够,它要求有基本的物理学原理能够解释运动地球上所观察到的现象。

伽利略的运动科学

我们的玩具火车实验说明了伽利略运动学工作的三个主要方面。首先是惯性原理,这虽然是伽利略努力的方向,但我们在本书最后一章中将会看到,直到天才的牛顿才给了它最终的现代表述;其次,小球在相等时段下落距离的照片表明了他的匀加速运动原理;最后,由火车向前运动时的小球的下落速度等于火车静止时小球的下落速度,我们可以看到,它例证了伽利略著名的速度矢量独立性和叠加原理。

我们将逐一考察这三个主题,先来讨论伽利略关于加速运动的一般研究,然后是他论述惯性的工作,最后讨论他对复杂运动的分析。

伽利略在研究落体问题时,曾经做过落体实验,最著名的就是他年轻时在塔顶上释放物体。我们不知道那座塔是著名的比萨斜塔还是其他什么塔,他所保存的记录只告诉我们,他是从某座塔上释放物体的。后来,他的传记作家维维亚尼(Viviani)讲述了一个传奇故事。维维亚尼是在伽利略的暮年认识他的,根据维维亚尼

86

的说法，伽利略为了反驳亚里士多德而登上比萨斜塔，“当时还有许多其他教师、哲学家和学生在场”。他“通过重复实验”证明，“同样构成但重量不同的物体通过相同介质时，其速度并不像亚里士多德所说的与它们的重量成正比，而是以相同速度运动……”。由于再也找不到其他资料来证实这一公众演示，特别是在口耳相传的过程中，其臆想色彩越来越浓重，学者们对此都抱有怀疑态度。我们不知道这是维维亚尼的杜撰，还是年迈健忘的伽利略的确告诉过他。但事实是，实验结果并不符合伽利略本人所给出的结果，因为我们前面曾经提到，伽利略非常谨慎地指出，重量不同的物体其速度也略有不同，较重的物体会比较轻的物体提前一些触到地面。

如果做这种实验，只可能证明亚里士多德是错误的。在伽利略的时代，仅在某一方面证明亚里士多德是错的并不算是伟大的成就。早在数十年前，拉穆斯(Pierre de la Ramée 或 Ramus)就提出亚里士多德的物理学完全不合乎科学法则。亚里士多德运动定律的不恰当至少在 400 年前就已经为人所知，并且自那以后已经有相当多的批评。因此，在塔顶(不论是在比萨斜塔还是在别的塔)所做的实验虽然再度有力打击了亚里士多德学说，但都不能使伽利略得到正确的新落体定律，而表述出这一定律恰恰是他最伟大的成就之一。(参见附录 4。)

要想深入理解伽利略的发现，必须认识到抽象思维的重要性，认识到伽利略对它的运用。对于科学来说，完善的抽象思维是比望远镜更具革命性的工具。伽利略表明了抽象如何能够与经验世界相关联，如何由对“事物本性”的思考推导出与直接观察有关的定律。在这一过程中,实验对伽利略有至关重要的意义。我们最近知道,这在很大程度上要归功于德雷克的天才研究。现在我们概括一下在《关于两门新科学的谈话》中伽利略思想过程的主要阶段。

伽利略说:

> 在自然界中,也许没有什么东西比运动更古老了;关于运动,哲学家们写的书数量既不少,部头也不小。尽管如此,我……发现了运动的许多性质,它们是值得知道的,而且迄今还不曾有人注意过,更不要说演示了。

伽利略认识到,在他之前曾有人注意到下落重物的自然运动是连续加速的,但他说自己的成就是发现了"这种加速所依照的比例"。他很自豪自己第一次认识到,"从静止开始下落的物体在相等时段内经过的距离彼此成从 1 开始的奇数关系"。他还证明"炮弹或抛射体"并不仅仅描出某种曲线路径,这一路径实际上是抛物线。

在讨论伽利略关于运动的思考时,我们有两种非常不同的选择。一种是通过他的手稿、通信和其他材料追溯其思想发展;另一种则是总结他在《关于两门新科学的谈话》中公开发表的陈述。前一种方案必定是尝试性的,因为这部分取决于对包含着数据图表而没有任何评注或说明的某些手稿的解释(参见附录 4)。这是一些私人记录,对它们的解读从 20 世纪 70 年代才开始。而第二种方案,即公开发表的记录,则包含着伽利略希望我们学习的内容。在运动领域,从伽利略革命性的新运动学到近代动力学,推动科学

88

发展的实际上正是这些公开发表的说法。我们把伽利略的学科称为运动学，是因为它在很大程度上是对匀加速运动的研究，而没有过多地考虑力，而动力学研究的则是产生或改变运动的作用于物体的力，以及将力与力所引起的运动变化相关联的定律。虽然伽利略知道，加速源于力的作用（例如物体的重力使下落加速），但他并未关注这部分主题。不过，由于伽利略的确在某些特殊的重要情形中考虑了力和运动，我们也许应当把他的学科称为带有某些动力学的运动学。牛顿认为，伽利略已经知道并且利用了他的三条“运动公理或定律”的前两条，此三定律是最基本的动力学原理。

伽利略首先讨论了匀速运动定律，在匀速运动中，距离与时间成正比，因此速度保持恒定。然后他又讨论了加速运动。在伽利略看来，首要问题是“找出并澄清一个最符合自然现象的定义”。虽然“任何人都可以发明一种任意类型的运动并讨论其性质”，但“既然自然已经赋予下落的重物某种特殊的加速”，因此他“决定探究其性质”，以保证他所使用的加速运动的定义能够与“自然加速运动的性质”相符合。伽利略还说，“在研究自然加速运动时”，“我们仿佛被亲手领着去追随自然本身在其所有其他作品中的习惯和进程”，“在支配这一切时，她习惯于使用那些最平常、最简单和最容易的手段。”伽利略在这里援引了一条著名的原理，它实际上可以追溯到亚里士多德，即自然总是以最简单或最经济的方式运作。伽利略说：

> 当我观察一块由静止落下的石头……不断获得新的速度增量时，为什么我不应该相信这样的增长是以一种特别简单 89

而在每个人看来都是显而易见的方式发生的呢？我们现在仔细考察一下这个问题就会发现，没有比永远以同样方式重复进行的增加或增长更为简单的了。

最简单的变化即变化本身是恒定的。根据自然的简单性原则，伽利略说，如果在每一个相继的时段内都有相等的速度增量，这显然就是最简单的加速运动。此后不久，伽利略又让辛普里丘（亚里士多德派）提出了另一种不同见解，认为落体的"速度增加与距离成正比"。读者在评判时，一定会承认它与伽利略的加速运动定义同样"简单"。在以下两种可能性中，

$$V \propto T \quad (1)$$

$$V \propto D \quad (2)$$

哪一个更简单？这两个例子难道不都是"以同样方式重复进行的……增量"吗？即在相等时段内要么有相等的速度增量，要么有相等的距离增量。它们是同样简单的，因为两者同为一次方程，都成简单比例。因此它们要比以下六种可能性简单得多：

$$V \propto \frac{1}{T} \quad (3)$$

$$V \propto \frac{1}{T^2} \quad (4)$$

$$V \propto T^2 \quad (5)$$

$$V \propto \frac{1}{D} \quad (6)$$

$$V \propto \frac{1}{D^2} \quad (7)$$

$$V \propto D^2 \qquad (8)$$

我们基于何种理由能够拒绝辛普里丘所提出的关系即方程(2)呢？既然方程(1)和方程(2)在形式上同样简单，伽利略不得不引入另一项选择标准。他断言，第二种可能性(速度增加与下落距离成正比)会导致逻辑上的不一致，而方程(1)给出的关系却不会。因此，既然其中一个“简单”假设会导致不一致，而另一个不会，唯一的可能就是落体速度的增加与下落时间成正比。

伽利略在最后这部成熟著作中给出的这个结论引起了历史学家的特别兴趣，因为伽利略“证明”方程(2)会导致逻辑不一致性的论证中包含着一个错误。这里并没有“逻辑上的”不一致，而只是这个关系与物体从静止开始的假设不相容。历史学家饶有兴致地发现，伽利略早年曾经以一种完全不同的方式对他的朋友萨尔皮(Fra Paolo Sarpi)谈过这个主题。在这封信中，伽利略似乎认为，自由落体速度的增加与下落距离成正比。由这一假设出发，伽利略相信他可以导出下落距离必定与时间的平方成正比，即方程(2)会导出方程

$$D \propto T^2 \qquad (9)$$

伽利略又说，距离与时间的平方成比例是“众所周知的”。写信给萨尔皮之后，伽利略在《关于两门新科学的谈话》出版之前纠正了这个明显的错误。(参见附录5。)

91

无论如何，在《关于两门新科学的谈话》中，伽利略证明了方程(9)可以由方程(1)导出。伽利略是通过一个辅助定理证明的：

命题1. 定理1. 由静止开始作匀加速运动的物体通过某

一距离所需的时间，等于同一物体以一个均匀速度通过该距离所需的时间，该均匀速度等于先前匀加速运动最大末速度的一半。

运用这一定理和匀速运动定理，伽利略进而得出了

命题 2. 定理 2. 由静止开始作匀加速运动的物体在任何时间内所通过的距离，彼此之比等于所用时段的平方之比。

这就是方程(9)所表达的结论，它导出了推论 1。在这一推论中，伽利略提出，如果物体由静止开始匀加速下落，那么在相继的等时段内走过的距离 D_1，D_2，D_3……“彼此之比，将是各奇数 1，3，5，7……之比”。伽利略立即指出，这是由于在第一个时段、前两个时段、前三个时段所走过的距离之比是平方数 1，4，9，16，25……之比，而它们之间的差就是那些奇数。这一结论很让我们感兴趣，因为柏拉图主义的一个传统就是认为自然的基本真理显示于规则几何体之间的关系和数与数之间的关系中，伽利略在这本书的前一部分中表达了他这种观点的拥护。他让辛普里丘说：“相信我吧”，如果“让我重新开始我的学习，我会试图遵照柏拉图的建议从数学开始，数学进行得如此仔细，以至于除非得到最终证明，它不承认任何东西是确定的”。作为对这种落体讨论正确性的一个证据，伽利略总结说：“因此，尽管在相等的时段内，各速度是像自然数那样递增的，但在各相等时段中所通过的那些距离的增

92

量却是如同从 1 开始的奇数序列那样变化的。”①

虽然这种数字方面的研究能让萨尔维阿蒂(Salviati,《关于两门新科学的谈话》中伽利略的代言人)和沙格列陀(Sagredo,他受过一般教育,充满善意,一般支持伽利略)满意,但伽利略认识到,这种柏拉图主义观点很难得到亚里士多德派的赞同。因此,伽利略又让辛普里丘说,他 93

> 能够看到,一旦接受了匀加速运动的定义,情况就必定像所描述的那样了。但是,至于这种加速度是否就是自然界中下落物体的那种加速度,我却仍然持怀疑态度。因此,不仅为了我,也为了所有那些与我抱有同样想法的人们,现在是适当的时机来引用那些实验中的一个了;我知道,那些实验是很多的,它们用多种方式演示了已经得到的结论。

---

① 我们可以用简单的代数语言重新写出伽利略(在《关于两门新科学的谈话》中)由匀加速运动的定义 $V \propto T$ 推出匀加速运动定律或自由落体定律(时间平方律)$D \propto T^2$ 的步骤。在时间 T_0 中,物体从静止开始获得了速度 V_0。平均速度是 $1/2\ V_0$。在时间 T_0 内加速运动所走过的距离等于物体在相同时间内以这一平均速度匀速运动所走过的距离。以恒定速度 $1/2\ V_0$ 走过的距离为:$D_0 = 1/2\ V_0\ T_0$。但由于 $V_0 \propto T_0$,因此 $D_0 = 1/2\ V_0\ T_0 \propto T_0{}^2$。

为了说明伽利略的数列如何由距离的时间平方律导出,设时间段为 T, $2T$, $3T$, $4T$, $5T$,……则走过的距离分别为 T^2, $4T^2$, $9T^2$, $16T^2$, $25T^2$,……或 1, 4, 9, 16, 25……在第一、第二、第三、第四、第五……时间段内所走过的距离之比等于该数列相继元素之差的比,即 1, 3, 5, 7, 9,……如果匀加速运动的恒定加速度为 A,使得 $V = AT$,则最后的方程就变成(对于 D_0, V_0, T_0 而言):$D_0 = 1/2\ (V_0)\ T_0 = 1/2\ (AT_0)\ T_0 = 1/2\ AT_0{}^2$,一般公式为:$D = 1/2AT^2$。这就是科学教科书中著名的伽利略时间平方律方程。对于自由落体的特殊情形,常数用 g 表示(有时称为“重力加速度”),于是方程变为 $D = 1/2gT^2$,其中 g 的值约为 32 英尺/秒^2 或 980 厘米/秒^2。

伽利略同意辛普里丘说话时“就像一位真正的科学家”，他提出了一个“非常合理的要求”。接下来便对一个著名实验作了描述。伽利略的原文是：

> 取一根木条，长约 12 腕尺(braccia)，宽约半腕尺，厚约 3 指，在它的边上刻一个槽，约一指多宽。把这个槽弄得很直、很光滑，再粘上一层羊皮纸，也尽可能地做到光滑平整。将木条的一端比另一端抬高 1 腕尺或 2 腕尺，使木条处于倾斜位置。然后将一个经过抛光的坚硬铜球沿槽滚下，并且(用一种我马上会加以描述的方法)记录滚动所需的时间。多次重复这一过程，以便把时间测量得足够准确，使得两次测量之间的差别不超过 1/10 次脉搏跳动的时间。

94 对此辛普里丘回答说：“但愿我亲眼看到过这些实验，但由于你们做这些实验很细心，叙述也很诚实，所以我感到满意和有信心，承认它们是确定和正确的。”

我们所描述的伽利略的步骤与初等教科书中所说的那种“科学方法”有根本不同。在初等教科书中，第一步据说是“收集所有相关信息”云云。我们被告知，通常的做法是收集大量观察事实，或者做一系列实验，然后对结果进行分类和一般化，寻找数学关系，最后找到一条定律。而伽利略的做法却有所不同——思考，创造观念，通常用笔和纸来工作。当然，伽利略并不是一个纯粹的书斋哲学家或思辨者。我们现在知道，他一直在做实验，其创造性的思维体现于抽象与现实、理论观念与实验数据之间的不断相互作用。然而，在《关于两门新科学的谈话》中，伽利略强调了自然是简单的这条一般原则。他使我们形成了一种实验科学家的形象，其思想以对自然的抽象为指导。他寻求的是初级的简单关系，而不是更高级的关系。他希望找到不会导致矛盾的最简单的关系。然而，即使实验曾经是其思想发展的指导力量，在最终表述时，斜面实验也只能起一种确证作用，而不能充当探究性的实验。伽利略是在回应他所批判的学说的代言人——亚里士多德主义者辛普里丘的要求时才介绍这一实验的。伽利略在叙述这个实验之前说明了该实验的目的。我们这里有必要仔细考察（伽利略借萨尔维阿蒂之口说出）：

> 如同一位真正的科学家，你所提出的要求是非常合理的，因为在那些把数学证明应用于自然现象的科学中，这不仅常见，而且必要；就像在透视法、数学、力学、音乐及其他领域的学者所做的那样，用感觉经验来确证整个最终结构的基本原理。因此我希望，如果我们详细讨论这个首要的基础，这并不会显得浪费时间；在它之上矗立着由许多结论组成的巨大框架，而我们在本书中看到的只是这些结论中的少数几个——那是我们的作者写在这里的，他将开启一扇门和一条道路，而此前它对于爱好思索的人一直是封闭的。谈到实验，它们并没有被作者所忽视；和他在一起时，我常常进行检验，以确保下落重物所实际经历的加速，的确遵循着上面描述的那种比例。

95

伽利略在这段话中说得很清楚，这些斜面实验并不是为了发现定律，而是为了确定伽利略所讨论的这些加速运动在自然中可能真的存在。我们曾经吃惊地发现，伽利略的确以一种非常不同于《关于两门新科学的谈话》所宣称的方式发现了运动定律。他的秘密被很好地掩盖了三个半世纪以上，直到德雷克发现并注意到伽利略的工作表，它们似乎毫无疑问是关于运动物体实验的记录，与他曾经发现的运动定律有某种关联。这是当今科学史的一大发现，虽然人们对伽利略的思想阶段尚未有公认的解释。（关于这一主题，参见附录 4，并参考 Winifred L. Wisan 和 R. H. Naylor 的研究；亦参见进一步阅读书目中所列的 M. Segre 的文章。）然而，《关于两门新科学的谈话》中所描述的实验却是另一种类型。但要注意，事实上，这一系列实验所展示的并非速度与时间成正比，而仅仅是距离与时间的平方成正比。由于这是速度与时间成正比所蕴含的一个结果，通常认为这个实验也证明了速度与时间成正比的原理。（参见附录 6。）

96 还要注意，在介绍实验时，萨尔维阿蒂说他本人曾经与伽利略一起作了观察，"以确保下落重物所实际经历的加速的确遵循着上述比例"。然而，对沿斜面滚下的小球的这些观察似乎与自由落体加速并无明显关系。在自由落体中，除了受到空气的些微影响，物体的运动完全不受阻碍。而在这里，物体的运动远非自由，因为它被束缚在斜面上。在这两种情形中，加速都是由重力引起的。在斜面实验中，重力的下落效应被"弱化"，只有重力的一部分沿着斜面方向起作用。在这些实验中，我们发现无论斜面的倾角有多么陡，距离都与时间的平方成正比。这些实验之所以与自由下落有关联，是因为在斜面竖直的极限情形中，我们可以期待该定律仍然成立。但在自由落体的极限情形中，小球将不会像沿斜面运动那样，在下降时滚动。但这个条件非常重要，因为今天的理论力学告诉我们，这是导致实验无法给出自由落体加速度准确值的主要因素。也就是说，我们无法用合成法根据沿斜面的加速度得到自由落体的加速度，因为在斜面非竖直的情形中，下落伴随着滚动，而在斜面竖直的极限情形中则不然。因此，对于一个顽固的怀疑者来说，很难说斜面实验能够表明自由下落是匀加速运动，或者自由下落符合距离的时间平方律，尽管这些实验的确表明时间平方律在自然中存在着，因此自然中存在着匀加速运动。

今天的一些学者模拟了伽利略的斜面实验，第一位这样做的人是塞特尔(Thomas B. Settle)，其结果完全符合伽利略的叙述。对于各种长度，

> 将实验重复进行数百次，我们总是发现距离之比等于时间平方之比。这对于所有倾角的斜面，即小球滚落的凹槽都成立。我们还发现，不同倾角情况下的下落时间精确符合我们的作者所指定和演示的比例。

97

今天，我们可以毫无困难地接受伽利略所说的，"这些反复进行的操作从未有显著差异"，"实验的精确性使得两次观察之间的差别甚至不超过"1/10 次脉搏跳动的时间"。

伽利略对测量物体竖直自由下落的时间并不十分关心。他认为这些数据可以通过小球滚下斜面的实验来获得，而并未认识到

沿斜面自由下滑与滚动之间的区别。在发表的关于论运动的著作中，伽利略并没有通过对斜面运动取极限来计算自由落体的加速度。然而，在一封写给巴里亚尼(Baliani)的信中，伽利略的确解释了一种用斜面实验来确定竖直自由落体运动速度(于是也包括加速度)的方法。

在《关于两大世界体系的对话》的“第二天”，伽利略计算了一枚炮弹从月球落到地球所需的时间。他写道，在“反复实验”中，一个重达 100 磅的铁球“在 5 秒钟之内从 100 码高处落下”。伽利略的原话是：“……假定我们要对一个重达 100 磅的铁球进行计算，它在反复实验中在 5 秒钟之内从 100 码的高处落下。”利用我们熟悉的定律 $D=1/2gT^2$，德雷克发现这些“反复实验”所给出的自由落体加速度的值是 467 厘米/秒^2，而不是 980 厘米/秒^2。在与我讨论这一主题时，德雷克告诉我：“有一页尚未发表的工作表上有伽利略计算的 3.11 秒下落了 45.25 米，而实际的时间是 3.04 秒。”

伽利略本人在 1639 年 8 月 1 日写给巴里亚尼的信中(德雷克的译文见《伽利略在工作》[*Galileo at Work*])讨论了这些数据。巴里亚尼曾于 1632 年写信问伽利略如何知道重物在 5 秒钟之内下落 100 码(腕尺)，并说在热那亚并没有那么高的塔能够做这个实验；他还说第 1 秒内下落的 4 码极难证实。几年以后，伽利略在回信中承认，如果巴里亚尼试图通过实验证实“我写的 5 秒钟之内下落 100 腕尺是否是真的”，他也许会“发现这是假的”。他介绍说，这个论证的目的是反驳谢耐(Christoph Scheiner)神父，后者曾写过讨论炮弹从月球落到地球的时间的著作；关于伽利略本人对下落时间的计算，“无论 5 秒钟之内下落 100 腕尺是真是假都没有关系”。对我们来说更重要的是，伽利略错误地认为，炮弹在从月球落到地球的过程中会保持恒定的加速度。[①]

99

伽利略在《关于两大世界体系的对话》中的原话似乎是说，他曾“在反复实验中”观察到100磅的铁球在5秒钟之内下落了100码。然而，伽利略是否可能只是猜想这一结果可以“在反复实验中”得到？伽利略的意思是否是，他只是料想我们想做这样一种计算？如果他写这段话只是“出于假定”(*ex suppositione*)，那么他本可以说，“让我们假定，实验表明，下落100腕尺用了5秒钟”，而不是“反复实验已经表明这一点”。他的话在句法上是含混不清的。

但至少有一位伽利略的同时代人——梅森(Marin Mersenne)神父是按照字面意思理解这一文本的，他认为，伽利略声称自己通过“反复实验”发现了所给出的结果。1635年1月15日，梅森致

① 伽利略计算自由落体的方法是由斜面运动推导出这个值。正如他1639年对巴里亚尼解释的(*Galileo at Work*, *pp*. 399—400)：“……我让一个球沿着任意倾斜的槽下落，它会给出所有的时间(不仅是走过100腕尺的时间，而且还有落下任何其他竖直距离的时间)，只要(正如你本人已经证明的那样)该槽(或可称它为斜面)的长度是该平面的竖直高度与在同样时间内物体所走过竖直距离的比例中项。例如，假设该槽为12腕尺长，其竖直高度为1/2腕尺、1腕尺或2腕尺，那么显然，在同样时间内下落物体将要走过的竖直距离分别为288腕尺、144腕尺或72腕尺。现在我们还需要找到沿槽下落所需的时间。这些我们可以根据摆的奇妙的等时性来获得，即所有振动，无论大小，所需时间都相等。”伽利略进一步解释说，为了把摆的运动归结为秒，有必要通过计数24小时内的振动次数，由“几位耐心而好奇的朋友”来确定。他们将从一颗“恒星”“指向某一固定标记”的时刻开始标记24小时的流逝，直到“该‘恒星’回到原点”。伽利略写给巴里亚尼的信表明这是一种确定给定时间内下落距离的方法，但并没有明确宣称他本人曾经做过这些定量实验。这也许表明，正如梅森等人所解释的那样，与伽利略《关于两大世界体系的对话》(带有“反复实验”这一短语)的表面含义相反，伽利略只是为了论证而介绍了那些数值。

信佩勒斯克(Nicholas Claude Fabre de Peiresc):"一颗炮弹(*boulet*)在5秒钟之内下落了100腕尺;由此可以推出,炮弹在1秒钟之内将下落不超过4腕尺的距离。"梅森本人确信:"它[在1秒钟之内]将下落更大的距离。"在《普遍和谐》(*Harmonie universelle*, Paris, 1636, vol. 1, p. 86)中,梅森详细讨论了他在巴黎及其周边所获得的数值结果与伽利略在意大利报道的结果之间的差别。他抱歉自己似乎是在责备"这位伟人对自己的实验漫不经心"。为什么像伽利略这样细心的实验者竟会得到如此糟糕的值,现在仍然是一个谜。也许他是在建议一个"约整数"(round number)来方便计算,但那样一来,为何还要写"在反复实验中"呢?

现在回想起来,伽利略在《关于两门新科学的谈话》中介绍斜面实验显然是为了检验他通过抽象和数学方法所导出的原理是否真的适用于自然界。在读者看来,确保伽利略落体定律为真的首先是逻辑和定义的正确性,是自然的简单性和整数关系得到例证,而不仅仅是一系列实验或观测。伽利略这里所表现的态度可能与他讨论从船桅上释放物体时的态度一样,重要的是事物的本性和必然关系,而不是特定的经验。根据伽利略的说法,正确的结果即使面对相反的感官证据(以实验或观察的形式表现出来)也要坚持。伽利略对这一观点最强烈的表达是关于反对地球运动的感官证据的讨论。"我们已经考察过的那些反对地球运动的论证,是非常说得通的,这些我们都已经看见了,"伽利略写道,"而托勒密派和亚里士多德派以及他们的信徒都认为这些论证是决定性的,这一事实就是对这些论证有效性的强有力的论据。但是那些与周年运动明显相抵触的经验,它们所表现出来的力量的确非常之大,所以我要再重复一遍，当我想到阿里斯塔克（Aristarchus）和哥白尼能够使理性完全征服感觉，不管感觉如何，依旧把理性放在他们信仰的第一位，我真是感到无限惊异。”（《关于两大世界体系的对话》）

重述一下，伽利略用数学证明了由静止开始的匀加速运动（即任何相等时段内速度的改变都相同）所走过的距离与时间的平方成正比。接着他又通过一个实验表明了这一定律可由斜面上的运动来例证。根据这两个结果，伽利略推理说，自由落体运动便是这种匀加速运动的一个例子。在没有任何空气阻力的情况下，自由落体运动的加速将总是遵循这一定律。大约 30 年后，当玻意耳（Robert Boyle）有能力将汽缸排空时，他表明在这样一种真空中，所有物体不论形状如何，都会以相同速度下落。这样便证明了伽利略的断言（一种经验的外推），即所有物体都会以相同的速度和加速度下落。于是，如果像通常那样忽视空气阻力的因素，则落体的速度只依赖于下落时间，而不会像亚里士多德所认为的，依赖于它的重量或推动它的力。今天我们知道，自由落体加速度（有时被称为“重力加速度”）的准确值大约为 32 英尺/秒^2。

伽利略的最大成就不仅仅是证明了亚里士多德的错误，发现了如果不考虑空气阻力的因素，则所有物体都会一齐下落，无论其重量有何不同；在伽利略以前已经有人观察到这种现象。伽利略革命性的原创贡献是发现了落体定律，并且引入了一种方法，将逻辑演绎、数学分析和实验结合在一起。

伽利略的先驱

要想恰当评价伽利略的重要性，就必须把他与其同时代人和先驱者进行比较。在最后一章中，我们将会看到牛顿如何依赖于伽利略的成就，那时我们会对伽利略的历史意义有新的理解。这里，我们要对其原创性作一种比大多数教科书和故事更为实际的评价，看看他到底有多么重要。

回溯历史，希腊晚期（亚历山大里亚和拜占庭）物理学的一个特征就是批判亚里士多德，而不是把他的每一个字当作绝对真理来接受。同样的批判精神也是伊斯兰科学思想和中世纪拉丁西方著作的特点。但丁的著作经常被誉为中世纪欧洲文化的顶峰，他曾批评亚里士多德认为"天球只有八个"，"太阳天球紧临着月亮天球，是距离我们的第二个天球"。

学者们对亚里士多德的运动定律作了各种修正，其主要特征是：(1)关注运动发生改变的渐进过程，即加速；(2)认识到在描述变化的运动时，可以只谈某一特定时刻的速度；(3)对匀速运动作了细致的定义——1369年，荷兰的约翰(John of Holland)在一篇概要中称之为"物体在任何相等时段内(*in omni parte equali temporis*)走过相同的距离"（这与伽利略自称第一次这样定义匀速运动相违背）；(4)认识到加速运动或者是均匀的，或者是非均匀的，如下表所示：

102

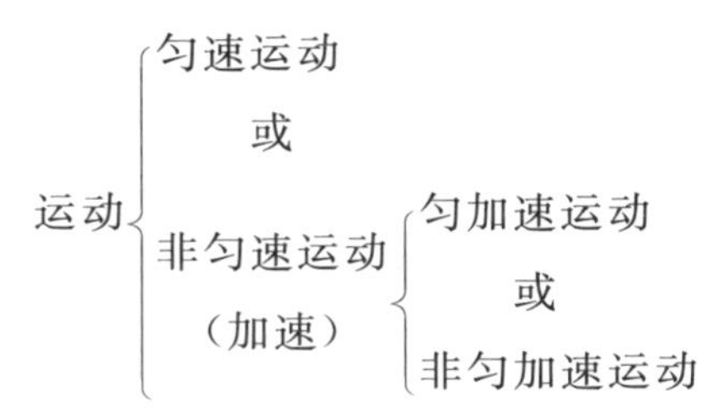

伽利略作的正是这种分析。他说，最简单的运动是匀速运动（他使用的是 14 世纪经院学者的定义）；然后是加速运动，它或者是匀加速的，或者是非匀加速的。他选择了较为简单的匀加速运动，然后研究了加速相对于时间的均匀和相对于距离的均匀。

在考虑速度如何均匀变化时，14 世纪的经院学者证明了所谓的“中速度规则”（mean speed rule）。它说：任何时段内的匀加速运动的结果（距离）与该运动物体在这一时段内以匀加速运动中间时刻的速度作匀速运动的结果（距离）相同。下面我们用符号来表示这一规则。假定一个物体在时间 T 内由初速度 V_1 匀加速到末速度 V_2，那么它将走过多少距离（D）呢？为此，我们需要确定这一时段内的平均速度 $\overline{V}$；于是距离 D 等于该运动物体在时间 T 内以恒定速度 $\overline{V}$ 运动所走过的距离，即 $D=\overline{V}T$。既然该运动是匀加速运动，那么该时段内的平均速度 $\overline{V}$ 就等于初速度和末速度的中间值，即

103

$$\overline{V}=\frac{V_1+V_2}{2}$$

伽利略几乎就是用这一定理来证明他那条将加速运动的距离与时间联系起来的定律的。14 世纪的学者是如何证明它的？第一批证明是在牛津大学默顿学院（Merton College）通过一种“语词代

数”(word algebra)给出的;而在巴黎,奥雷姆用几何方法证明了这一定理,他所使用的图形(图 19)与《关于两门新科学的谈话》中所使用的图形非常相似。[①]

伽利略与奥雷姆的表述之间的一个主要区别是,奥雷姆是通过任何可以被量化的变化的“质”来表达的,比如像速度、唯一、温度、白、重等物理的“质”,也包括像爱、恩典等非物理的“质”。但这些 14 世纪的学者从未像伽利略那样检验其结果,以验证它们是否适用于实际的经验世界。对这些人而言,证明“中速度规则”的逻辑训练本身就是一种令人满意的经验。例如,就我们所知,14 世纪的科学家甚至从未探究过两个不同重量的物体是否会一齐下落。不过,尽管发现了“中速度规则”的 14 世纪经院学者并没有把匀加速运动的概念应用于落体本身,但他们在 16 世纪的一个继承者却这样做了。在伽利略时代,西班牙人索托(Domingo de Soto)的著作中已经有了落体速度随时间连续增加这一命题,“中速度规则”立即可以得到。但索托的这一命题似乎只是一句“旁白”,而不是一条关于自然的重要定理。它实际上被掩藏在浓重的神学和亚里士多德哲学背后。(参见附录 7。)

104

理解伽利略科学思想的另一个重要的中世纪概念是“冲力”

① 由中间速度($\underline{V}$)的方程可以得到,如果初速度 V_1 是 0,即运动由静止开始,那么对于时刻 T 的任何速度 V,都有$\underline{V}=1/2(0+V)=1/2V$。把这一结果代入方程 $D=\underline{V}T$,便得到 $D=1/2(V)T$。根据匀加速运动的定义,速度与时间成正比,即 $V\propto T$,所以由 $D=1/2(V)T$ 可得 $D\propto T^2$。伽利略的结论是,在由静止开始的匀加速运动中,距离与时间的平方成正比。如果比例常数是 A(称为“加速度”),使得 $V=AT$,那么方程 $D=1/2(V)T$ 就成了 $D=1/2(AT)T$ 或 $D=1/2AT^2$。

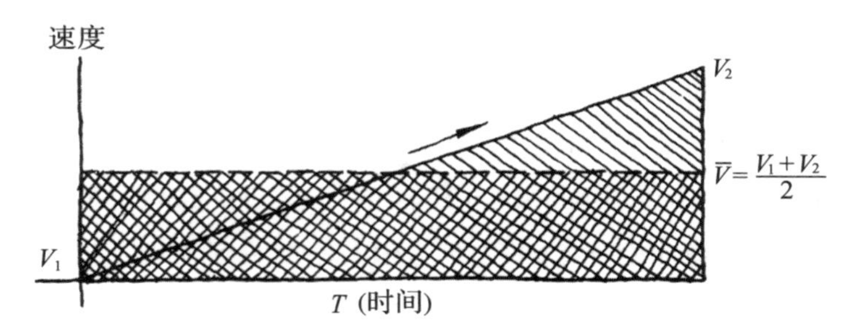

图19　巴黎的奥雷姆用几何证明了，由初速度 V_1 匀加速运动到末速度 V_2 的物体在时间 T 内走过的距离 D 等于在相同时间内物体以 V_1 和 V_2 的中间速度匀速运动所走过的距离。他认为速度一时间图所包围的面积为距离 D。匀加速运动将对应一条斜线，而匀速运动则对应一条水平线。前者的面积为三角形面积 $1/2T\times V_2$。后者的面积则为矩形面积 $T\times 1/2V_2$，三角形的高是矩形高的两倍。因此，两者的面积相等，即走过的距离相等。

(impetus)。它被认为是一种属性，使得抛射体等物体在离开“抛射者”之后仍然能够运动。“冲力”既像动量，又像动能，在现代动力学中实际上没有对应。它是伽利略惯性概念的早期原型，由它发展出了现代的牛顿观点。[①] 105

因此，伽利略的原创性其实不同于通常那些夸张的说法。我们不必再相信那种谬论，认为从亚里士多德到伽利略的这段时间里，人类在理解运动方面没有任何进步可言，也不必再去理会伽利略是在完全不知道任何中世纪或古代先驱的情况下发明近代运动科学的说法。

---

①　德雷克指出：“中世纪的自然哲学家们把冲力理论作为他们的下落规则，这就排除了把下落当成某种均匀地非均匀运动[uniformly difform motion，即匀变速运动——译者按]的可能性。”这是关于“为什么从未有人明确提出速度是随时间变化还是随距离变化这一问题”的一种天才解释。

这是一种伽利略本人所宣扬的观点，一百年前坚持它也许还情有可原。但在20世纪的大部分时间里，科学史上最富有成果的研究领域之一就是中世纪的“精密科学”，它主要是由法国科学史家、科学家迪昂(Pierre Duhem)开创的。这些研究揭示了一个批判亚里士多德的传统，这一传统为伽利略的贡献铺平了道路。只有弄清楚伽利略到底在何种程度上超越了他的先驱者，我们才能更加确切地描述他本人的贡献。通过这种方式，我们还能把伽利略的生平变得更加真实，因为我们知道，在科学的发展中，每个人都是以他的先驱者的工作为基础的。核物理学的奠基人卢瑟福勋爵(Lord Rutherford，1871—1937)下面这段话很能说明科学事业的这个方面：

……任何人要想突然做出惊人的发现都不合乎事物的本性；科学是渐进发展的，每个人都要依赖于前人的工作。假如你突然听说一个未曾预料的发现(犹如晴天霹雳)，你总可以确定地认为，它是由于人与人之间的影响而发展起来的，正是这种相互影响才使科学得以前进。科学家们并非依赖于某个人的思想，而是依赖于思考同一问题的数千个人的集体智慧，每个人都在做他那一点点工作，从而为宏大的知识体系添砖加瓦，使之逐渐矗立起来。

106

伽利略和卢瑟福当然都体现了科学的精神。

然而，是伽利略第一次表明了如何将抛射体复杂的运动分解成两个独立的不同运动(一个是匀速运动，一个是匀加速运动)，也是伽利略第一次将运动定律付诸实验检验，证明它们可用于实际的经验世界。倘若这项成就看起来不过如此而已，那么请想一想那些被伽利略精确化且归之于物理学而不是逻辑学的原理，它们早在14世纪中叶就已经为人所知，但在300年间，没有任何人能够看出如何把这种抽象与自然界联系起来。也许在这里，我们最能看到伽利略那种天才的特殊禀赋，能够将数学世界观与通过观察、批判性的经验和实际的实验所获得的经验观点结合起来。（参见附录9和10。）

表述惯性定律

伽利略坚持数学抽象与经验世界之间存在着一种精确的关系，接下来我们再对这种科学方法论的贡献作一些讨论。例如，伽利略所宣称的大多数运动定律只有在没有任何空气阻力的真空中才能成立，而在实际世界中，必须处理物体在各种阻力介质之中的运动。如果要把伽利略的定律运用于周围的实在世界，就必须知道介质阻力到底会产生多大影响。特别是，伽利略能够表明，对于形状使得空气不会对运动产生很大阻力的重物来说，空气的影响几乎可以忽略。从一定高度释放的轻物和重物的下落时间之所以会有些微差别，正是这种微弱的空气阻力所致。这一差别很重要，因为它表明空气会起一定的阻碍作用，而差别很小则表明这种阻碍通常只会产生微弱的影响。

107

伽利略证明了抛射体的路径是抛物线，因为抛射体同时参与了两种运动：一种是向前的或水平的匀速运动，另一种则是向下或竖直方向的匀加速运动。

在评论这一结果时，伽利略让辛普里丘非常合理地说：

在我看来，不可能避免介质的阻力。这种阻力必然会破坏水平运动的均匀性，改变下落物体的加速规律。这些困难使得从如此不可靠的假说推出的结果很少能在实践中证实。

然后萨尔维阿蒂给出了回答：

你所提出的一切困难和反驳都很有根据，我认为不可能消除；在我这方面，我愿意承认所有这一切，而且我认为我们的作者也愿意。我承认，这些在抽象方面证明了的结论当应用到具体中时将是不同的，而且将是不可靠的，以致水平运动也不均匀，自然加速也不按照假设的比例，抛射体的路线也不是抛物线，等等。

伽利略接着证明，

我们使用的那些抛射体或是用沉重的材料制成的球形，用投石器发射，或是用轻材料制成的圆柱形，例如用弓弩发射的箭；在这些抛射体的事例中，对精确抛物线的偏离是完全不可觉察的。的确，如果你们可以给我以较大的自由，我就可以用两个实验来向你们证明，我们的装置太小了，以致那些外在的和偶然的阻力几乎注意不到。

在其中一个自由落体实验中,伽利略用了两个球,其中一个的重量是另一个的 10 或 12 倍。"譬如说,一个球用铅制成,另一个球用橡木制成,两个球都从 150 或 200 腕尺的高处落下,"伽利略说, 108

> 实验证明,它们将以相差很小的速度落地;这就表明,空气对于两者的阻力都很小。因为如果两个球同时开始从相同的高度下落,而且假如铅球受到很小的阻力而木球受到颇大的阻力,则前者应比后者超前很大一段距离,因为它重了十来倍。但这种情况并未出现;事实上,一个球比另一个球的超前距离还不到整个高度的百分之一。而对于一个重量只有铅球重量的三分之一或一半的石球来说,二球落地的时间之差几乎无法觉察。

接着伽利略又说,在不考虑重量的情况下,

> 空气对一个快速运动物体的阻力并不比对一个缓慢运动物体的阻力大许多。

他认为空气阻力会"以对应于抛射体之形状、重量、速度方面的无限多种变化的无限多种方式"来干扰运动。然后他解释说,

> 就速度来说，速度越大，空气所引起的阻力也越大；当运动物体不那么致密时，这种阻力就较大。因此，虽然下落物体应该正比于运动时间的平方而变化其位置。但是，不论物体多么重，如果它从一个相当大的高度下落，空气阻力都将阻止其速度不断增大，最终将使其运动变成匀速运动。而且，当运动物体较轻时，这种均匀性将更快地达成。

109　在这个非常有趣的结论中，伽利略说，如果物体下落足够长的距离，那么空气阻力将按照某一比例随速度而增加，直到空气阻力与把物体引向地球的重量相平衡。如果两个物体尺寸相同，且由于形状相似而有相同的阻力，那么较重的物体将会加速更长时间，因为它的重量较大。它将一直加速，直到阻力（与速度成正比，速度又与时间成正比）等于重量。我们感兴趣的不是这个重要结果，而是伽利略的一般结论：当阻力变得足够大，以致等于下落物体的重量时，速度便不会再有任何增加，产生匀速运动。这就是说，如果作用于物体的所有力（这里是向下的重力和向上的阻力）之和相互抵消或净值为零，物体便会继续运动，而且是匀速运动。这并不符合亚里士多德的学说，因为亚里士多德认为，当推动力等于阻力时，速度就为零。它是牛顿第一运动定律或惯性原理的一种有限形式的陈述。根据这一原理，净外力为零将使物体或以恒定速度沿直线运动，或保持静止，从而在匀速直线运动与静止之间建立了一种等价性，这一原理或许可以看作牛顿物理学的主要基础之一。（参见附录8。）

110

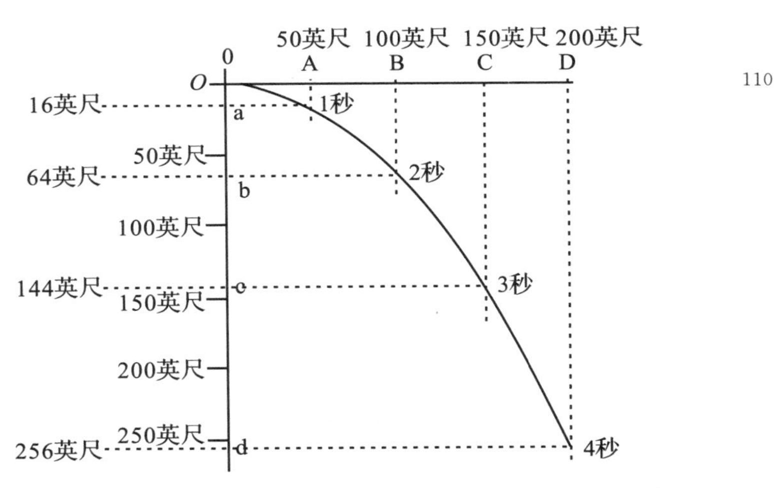

图 20　为了看清楚伽利略是如何分析抛射体运动的，考虑在悬崖边缘以每秒钟 50 英尺的速度水平发射一枚炮弹。如果没有空气阻力，也没有向下的分运动，则炮弹将作水平的匀速运动，每秒钟飞行 50 英尺，在相继的 1 秒钟间隔后分别处于 A、B、C、D 点。而如果没有空气阻力和向前的运动，则炮弹将依次处于 a、b、c、d 点。由于下落距离由定律

$$D=1/2AT^2$$

给出，加速度 A 是 32 英尺/秒²，所以对应于这些时间的距离为：

T	T^2	$1/2AT^2$	D
1 秒	1 秒²	16 英尺/秒² ×1 秒²	16 英尺
2 秒	4 秒²	16 英尺/秒² ×4 秒²	64 英尺
3 秒	9 秒²	16 英尺/秒² ×9 秒²	144 英尺
4 秒	16 秒²	16 英尺/秒² ×16 秒²	256 英尺

由于炮弹实际上同时参与两种运动，所以其轨迹如曲线所示。

设 v 为恒定的水平速度，x 为水平距离，则 $x=vt$。在竖直方向设 y 为距离，则 $y=1/2AT^2$。于是，$x^2=v^2t^2$，或

$$\begin{cases}\frac{x^2}{v^2}t^2\\ \frac{2y}{A}=t^2\end{cases}$$

则 $\frac{x^2}{v^2}=\frac{2y}{A}$ 或 $y=\frac{A}{2v^2}x^2$，此即为 $y=kx^2$ 的形式，其中 k 是常数，这乃是抛物线的经典方程。

然而，伽利略的原理果真与牛顿的相同吗？我们注意到，在伽利略的陈述中并未提及一般的惯性定律，而只是提到了下落运动这一特殊情形。这是一种受限的运动，因为只有在落体碰到地面之前它才能继续下去。例如，这种运动不可能像牛顿更一般的陈述所推论的那样，沿直线均匀地无限继续下去。

在《关于两门新科学的谈话》中，伽利略研究了抛射体的路径，试图表明它是一条抛物线（图 20），并主要联系它讨论了惯性问题。伽利略考虑了一个沿水平方向抛出的物体。它将有两个独立的运动。在水平方向，它将匀速运动，除了空气阻力会造成小的阻碍。与此同时，它向下的运动将是加速运动，就好像一个自由落体被加速。正是这两种运动的组合使得路径成了抛物线。关于伽利略所假设的向下的分运动与自由落体相同，他并没有给出实验证明，虽然他说有可能做这种实验。他设计了一个小机器，在斜面上（图 21）水平抛出一个小球，它将沿抛物线运动。（参见附录 9。）

今天，我们可以使用两个球，一个沿水平方向射出，另一个同时从同一高度自由落下，这样就很容易说明上述结论。插图 7 展示了这个实验的结果，用频闪观测仪在相等时间段拍摄的一系列

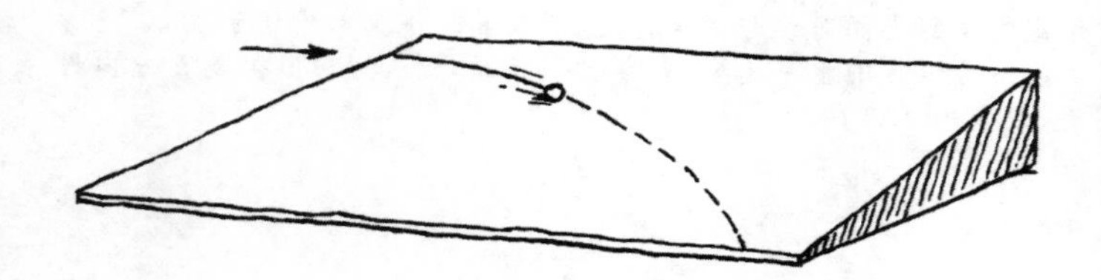

图 21　伽利略用于证明抛射体运动的装置是一个楔形物。小球从楔形物的顶端以水平方向开始运动，以抛物线落向斜面底端。

照片表明，虽然一个球向前运动，另一个球竖直下落，但在任何时刻，这两个球下落的距离相等。这也就是在沿直线轨道匀速行进的火车上作抛球实验的情形。小球每秒钟竖直落下的情形就如同火车静止一样。既然小球在水平方向以和火车同样的速度运动，[112] 它相对于地球的真正轨迹是抛物线。另一个现代例子是沿水平方向匀速飞行的飞机投掷炸弹。炸弹在竖直方向下落的情形就和在同一高度从一个静止物体(比如无风时的系留气球)释放一样。当炸弹从飞机上释放后，它将继续以飞机的水平速度向前匀速运动，如果不计空气阻力，则它将一直处于飞机正下方。但在地球上的静止观察者看来，轨迹将是一条抛物线。

最后，考虑从塔上释放的石块。相对于地球(对这种短距离下落而言，地球的运动可看成匀速直线运动)来说，石块是竖直降落。但相对于太空中的恒星来说，石块在开始下落的瞬间就保持着参与地球的运动，因此其轨道是抛物线。

这些对抛物线路径的分析完全是基于伽利略的运动合成原理，即把一个复合运动分解成两个彼此垂直的运动(或分量)。他天才地看到，物体可以同时参与水平的匀速运动和竖直的加速运[117] 动，两者互不影响。其中的水平分量表明，物体虽然脱离了与匀速运动母体的物理接触，但仍然具有沿直线作匀速运动的倾向，或者说物体有一种反抗自己的运动状态遭到任何改变的倾向，到了牛顿时代，一般把这种性质称为“惯性”。由于惯性对于理解运动显然非常重要，我们再对伽利略的看法作更深的探讨——与其说是为了表明他的局限性，不如说是为了说明，要想彻底清除旧物理学的遗存和表述完整的惯性定律是多么困难。

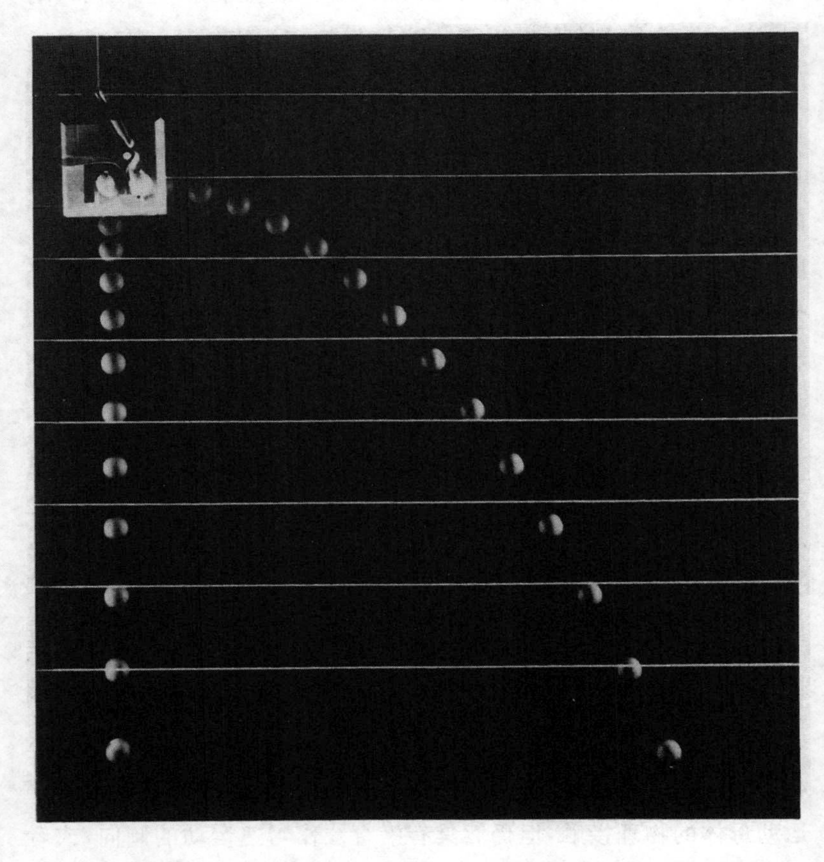

插图7 这张用频闪观测仪拍摄的照片显示了抛射体运动的竖直分量与水平分量的相互独立性。在1/30秒的时间段里，沿抛物线落下的小球与竖直下落的小球所走过的距离完全相同。(Berenice Abbott 摄。)

插图8　牛顿、开普勒、伽利略

但是首先，我们要注意，在分析抛物线路径时，伽利略偏离了严格的运动学，作了一些动力学思考。加速之所以存在于运动的竖直分量，而不是水平分量，是因为重力竖直起作用，而不是水平起作用。伽利略并没有把力当成抽象的东西，没有将他用于分析抛射体运动的原理一般化，从而发现一种定性的牛顿第二定律。但后来的科学家还是在他这部分工作中看出了动力学的萌芽。(关于伽利略在运动科学方面的成就的概述，参见附录10。)

伽利略的困难与成就：惯性定律

在《关于两门新科学的谈话》行将结束时，伽利略引入了抛射体运动这一主题：

> 设想把某一运动物体沿着一个无摩擦的水平面抛出，根据前面已经更充分地解释过的道理，我们知道如果平面是无限广的话，这一物体将沿着这一平面均匀而永恒地运动。

但在伽利略的物理学世界里，是否可能存在一个"无限广的"平面？在真实世界中，当然永远找不到这样一个平面。

118 在讨论沿平面的运动时，伽利略承认辛普里丘所提出的困难：

> 其中一个[困难]就是，我们假设既不上斜也不下倾的水平面用一条直线来代表，就好像这条线上的每一点都离中心同样远近一样，而情况并非如此；因为当你从(直线)中部出发

而向任何一端走去时，你就离（地球的）中心越来越远，从而是越来越升高的。

于是，如果一个球沿着任何与地球表面相切的相当大的平面运动，这个球就将开始向上升高，从而打破运动的均匀性。而在真实的实验世界中则有所不同，因为伽利略说，

在使用我们的仪器时，所涉及的距离比起到地球中心的巨大距离来都非常小，因而我们可以把很大的圆上的一个很小的弧看成一段直线，并把从它两端引出的垂线看成相互平行。

伽利略解释了把一段弧看成一段直线是什么意思：

我还可以提到，在阿基米德和另外一些人的讨论中，他们都认为自己是位于离地球中心无限遥远的地方。在那种情况下，他们所说的假设就都不是错误的，从而他们的结论就都是绝对正确的。当我们想要把已经证明的结论应用到一些虽然有限但却很大的距离上时，我们就必须根据经过证明的真理来判断，应该针对一个事实做出什么样的改变，那事实就是，我们与地球中心的距离并非真正的无限大，只不过和我们仪器的很小尺寸相比是很大而已。

就像讨论空气阻力时那样，伽利略这里想知道他希望避免的因素

会产生什么效应。把地球的一小部分当成平面会导致多大误差？对于大多数问题来说，这种误差微乎其微。

在前面讨论伽利略关于末速度的想法时，我们注意到他的一个看法，即空气阻力的增加是速度的某个函数。因此，在下落一段时间之后，对物体的空气阻力会与它本身的重量相等，使之不再加速。在外阻力的净效应为零的情况下，物体将以恒定速度沿直线运动。这清楚地说明，竖直落向地球的运动可以作为惯性定律的一个例证。类似地，抛射体沿水平方向的运动，也就是沿地面的速度分量，似乎也例证了惯性定律。但现在我们得知，如果水平运动是指沿着地球切面的运动，那么这种运动就并非真正的惯性运动，因为物体从切点开始向任何一端沿着切面的运动都是向上攀升！显然，我们必须承认如下的结论：如果这样一种运动是惯性的，在没有外力作用的情况下持续以恒定速度运动，那么物体运动所在的"平面"就绝不是真正的几何平面，而应该是地球表面的一部分，只不过由于地球半径相对而言很大，所以可被当作平面而已。对伽利略而言，惯性定律似乎是有限度的，它仅限于物体沿着终止于地面的直线段的下落运动，或者沿着地球表面一小部分的运动。由于后一运动并非真正沿直线的运动，所以伽利略的概念有时被称为一种"圆周惯性"。但这是不公正的，因为它将一个错误的原理归之于伽利略：并不存在某种"惯性"能够不依赖于其他某种东西的中介，仅凭自身就能使物体保持恒定的圆周运动。

为了理解伽利略的观点，我们回到他的《关于两大世界体系的对话》。在这部著作中，他明确借助一种圆周的而非直线的原理讨论了我们所谓的惯性运动。就像在《关于两门新科学的谈话》中一样，他讨论了由两种独立运动所组成的复合运动：一种是沿着圆周的匀速运动，另一种则是沿直线朝向地球中心的加速运动。伽利略之所以按照一种非直线的惯性来思考，似乎是为了解释为什么旋转地球上的物体总是向下降落，就好像地球处于静止一样。对 120 伽利略而言，物体在旋转地球上的直线下落，显然意味着落体必定随着地球一起旋转。因此他认为，从塔顶落下的物体，在依照匀加速定律落向地球中心的同时，也在相等时间内走过相等的圆弧（就像地球上任何一点一样）。

在《关于两大世界体系的对话》中，有一处文字表明伽利略差不多已经提出了惯性定律。萨尔维阿蒂问辛普里丘，将球体放置在向下倾斜的平面上会发生什么情况？辛普里丘同意说，它会自动加速。类似地，在向上倾斜的平面上，要想"推动物体或者使其保持静止"，都必须施以作用力。那么，如果将这一个物体"放置在既不向上也不向下倾斜的平面上"，又将发生什么情况呢？辛普里丘说，那样就既没有"运动的自然倾向"，也没有"运动的阻力"，因此，物体将保持静止。萨尔维阿蒂同意，如果将球体轻缓地放下，就会发生这种情况，但是如果朝某个方向推它一下，那会怎样呢？辛普里丘回答说，它一定会向那个方向滚过去，由于"平面既没有向上的斜度也没有向下的斜度，所以不会发生加速或减速"。球体没有理由"减速或趋向静止"。接着萨尔维阿蒂又问，在这种情况下，球体会继续运动多远？回答是，"只要平面不上升也不下降，平面多长，球体就运动多远"。然后萨尔维阿蒂说："如果这样一个平面无限的，那么，在这个平面上的运动同样是无限或永恒的了，是不是？"辛普里丘对此表示赞同。

根据以上的叙述,伽利略似乎已经给出了惯性定律的现代形式,即在无限平面上推掷出去的物体将永远匀速运动下去。辛普里丘说,如果“物体是由牢固耐久的材料制成的”,那么运动将是“永恒的”,这更是强调了这一定律。但萨尔维阿蒂又问,“在向下倾斜的平面上,球体会自发地运动,而在向上倾斜的平面上,球体只由于外力才能运动,你认为其原因是什么”?辛普里丘的回答是,“重物有朝地心运动的倾向,而从地球的圆周向上运动只有通过外力”,这便是受迫运动。然后萨尔维阿蒂说:“那么,对一个既不向上也不向下[倾斜]的表面来说,它的所有部分必定是与地心等距离的了。世界上是否有这样的平面呢?”辛普里丘回答说:“这样的平面有很多!如果我们的地球表面是光滑的,而不是如它目前这样粗糙和多山的话,就是这样的表面或平面。在风平浪静时,水面就是这样的表面或平面。”萨尔维阿蒂说,那么,“在平静海面上航行的船只便是这样一种运动物体,因为它们行进在一个既不向上也不向下的表面上,要是排除任何外来的和偶然的阻碍,它一旦获得冲力,是否就会不停地匀速运动下去呢?”辛普里丘表示同意:“看来应该是这样。”

121

显然,起初看来似乎是无限的平面,在讨论中已经缩小为地球的一段球形表面。那种所谓“永恒”的、沿着无限平面的匀速运动,原来是船在平静的海面上航行,或者任何其他物体沿着像地球这样的光滑球体运动。这一点正是伽利略希望证明的,因为现在他可以解释,为什么从船上释放的石块会随着船的前进而继续绕地球运动,因此会从桅杆顶部落至桅杆底部。“现在来谈谈桅杆顶上的石块吧;由于它被船带着绕地心沿圆周航行,它不是在运动吗?

只要一切外界的阻碍都被排除了，这种运动也就不会消失。而且这种运动不是同船的运动一样快吗？”辛普里丘被引导着给出了自己的结论：“你的意思是说，由于一种不会消失的被施予的运动而运动着的石块，不会离开[运动的]船，而是会随船运动，最后石块将落在船不动时它落下的同一地点。”

伽利略之所以认为牛顿形式的惯性原理需要反对，一个原因是，它蕴含着一个无限的宇宙。牛顿的惯性原理说，不受任何力作用的运动物体将永远作匀速直线运动，如果它以恒定速度永远运动下去，则必定有可能穿过一个无限无界的空间。而伽利略在《关于两大世界体系的对话》中却说：“任何处于静止状态但自然可以运动的物体，只有当它有一个朝向某个特定位置的自然倾向时，释 122 放后才会运动起来。”因此，物体不能只是远离一个位置，而只能朝向一个位置运动。他还明确指出：“既然直线运动在本质上是无限的（因为直线是无限的和不确定的），任何东西在本质上就不可能具有沿直线运动的原则；或者换一种说法，就不可能向一个它无法到达的位置运动，因为终点是无限远的。亚里士多德说得好，自然界从不做那些做不到的事情，也不可能努力向它不可能到达的位置运动。”于是很清楚，当伽利略讨论直线运动时，他指的是沿着有限的直线段的运动。对伽利略而言，就像对他那些中世纪先驱一样，运动仍然意味着“位置运动”，即从一个位置移到另一个位置，趋向固定的目的地，而不仅仅是沿某个特定方向持续进行的运动——除非是圆周运动。

伽利略第一次公开提到惯性是在其著名的《关于太阳黑子的书信》中，这部著作于1613年在罗马出版，也就是在他使用望远镜进行观测之后四年。在讨论黑子围绕太阳的旋转时，他提出了有限的惯性原理，即除非有外力作用，圆周路径上的物体将永远沿着该路径以恒定速度持续运动下去。其原文如下：

> 我似乎观察到，只要不受阻碍，物体都有作某种运动（比如重物下落）的物理倾向，这种运动由它们的一种内在属性所引发，而不需要某个外在推动者。对其他某种运动，它们则有某种厌恶（比如对上升运动的拒斥），因此，除非被外在的推动者强行抛出，它们从不以那种方式运动。
>
> 123 最后，它们对某些运动无动于衷，比如水平运动，这些重物对此既无倾向（因为水平运动并非朝向地心）又无厌恶（因为水平运动并不携带它们远离地心）。因此，如果除去所有外界阻碍，那么地球同心球面上的重物将对静止和朝着水平面的任何部分运动都无动于衷。它将保持曾经被放置的那种状态，也就是说，如果被置于静止状态，它就将保持静止状态；如果被置于向西运动的状态，它就将保持向西运动的状态。于是，已经获得某种冲力而在宁静的海面上航行的船将围绕我们的地球连续运行而不会停止；如果被置于静止，那么它将永远保持静止，只要在第一种情况下除去所有外在阻碍，在第二种情况下不加入任何外在动因。

这里我们也许注意到，伽利略所讨论的连续运动并不是一般意义上的圆周运动，而只是地球表面上的圆周，或者说与地球同心的大圆表面。我们已经看到，伽利略并不认为一小段地球圆弧与一条直线有显著区别。更重要的是，伽利略（在上述引文的第二段中）[①]引入了“状态”（运动状态或静止状态）概念（参见附录8），这将成为笛卡尔和牛顿新的惯性物理学的一个主要概念。使问题变得更加复杂的是，伽利略的做法无疑符合他那个时代的一般观念，即为圆周运动赋予了一种特殊地位。这不仅在亚里士多德物理学中是如此，在哥白尼的宇宙图景中也是如此。哥白尼曾经应和新柏拉图主义观念，说宇宙之所以是球形，“或者是因为在一切形体中，球形是最完美的……或者是因为它的容积最大[即在一切可能的立体中，对于给定的表面积，球的体积最大]，因此特别适于包容万物；或者是因为宇宙的各个部分，即日月星辰看起来都是这种形状；或者是因为宇宙中的一切物体都有被这种边界包围的趋势，就像自由形成的水滴或别的液滴那样。”哥白尼问，既然地球是球形，“那么我们为什么迟迟不肯承认地球具有与它的形状天然相适应的运动，而认为是整个宇宙（我们不知道，也不可能知道它的限度）在转动呢？”伽利略对圆和圆周运动的强调体现了他对哥白尼体系的拥护。 124

如果认为伽利略是他那个时代的产儿，仍然不免在物理学中沿袭着圆周观念，那么可以看出，一个时代总的思想模式能够在多大程度上限制那些最伟大的天才。就本书而言，它在伽利略这里所导致的后果特别有趣。其中两点我们将在下一章讨论。首先，

---

① 伽利略关于惯性运动的看法可参见 Winifred L. Wisan 的 *The New Science of Motion* (1974)，pp. 261—63 的讨论；这里还可以看到对卡尔达诺和贝内代蒂等伽利略先驱者的“原始惯性”（proto-inertial）原理的有价值的呈现（pp. 149—50，205，236—37）。

伽利略固持于圆形的行星轨道，因而无法接受椭圆行星轨道的概念。与其同时代的开普勒于 1609 年发表了这项伟大的发现，正好是伽利略将望远镜指向天空的那一年。其次，由于伽利略将他所构想的惯性定律局限于旋转物体和在与地球同心的光滑球面上自由运动的重物（除了沿有限的直线段运动的地球物体），所以他从未得到一门真正的天体力学。他显然没有试图通过任何沿圆周起作用的惯性定律来解释行星的轨道运动。正如研究伽利略的美国权威专家德雷克所说，伽利略“从未试图解释行星运动的原因，他只是暗示，如果能够知晓重性的本质，那么就可能发现行星运动的原因”。这项工作需要留待牛顿来完成。

我们将会看到，牛顿所建立的惯性物理学为天体和地球物体都提供了一种动力学，在这种动力学中，只有直线的惯性，而没有圆周的惯性。事实上，牛顿对行星轨道运动的分析很能体现他的天才，他利用了从胡克那里学到的一种观念，即在曲线运动中，存在着一个直线意义上的惯性分量和从直线到轨道路径的连续偏离。因此，与伽利略不同，牛顿表明了沿着圆周的运动是非惯性运动，它需要一个力。牛顿及其同时代的惠更斯表明，在匀速圆周运动中存在着一种非均匀的加速，这超出了伽利略的知识范围。

125

有学者认为，伽利略一生都在为捍卫哥白尼体系而斗争。当然，他与亚里士多德和托勒密的斗争是为了推翻地静宇宙的观念以及以此为基础的物理学。望远镜使他动摇了托勒密天文学的基础，而动力学研究则使他得出了一种新的观点，从而运动地球上的事件将与静止地球上的事件有同样的表现。伽利略并未真正解释地球如何可能运动，但他成功地说明了为什么地球上的实验（比如重物下落)既不能证明也不能否证地球在运动。

伽利略将观测天文学与数学物理学结合起来,这种科学统一性来自于他对日心宇宙的信念,他在物理学或天文学上的几乎每一项重要发现都支持了这一信念。他用仪器将天上的辉煌景象第一次完全展现在人类眼前,他必定有一种特殊的紧迫感,要让他的所有同伴都能信服正确的宇宙体系,即哥白尼体系。他之所以会与罗马教廷发生冲突,是因为他是一位真正的信仰者。对他而言没有妥协之路,没有世俗宇宙学与神学宇宙学的分离。如果哥白尼体系确实是真的,那么除了拿起逻辑、修辞、科学观测、数学理论、敏锐的洞见等一切武器来促使教廷接受这个新的宇宙体系,他还能做什么呢? 可惜的是,伽利略让教会做出这种转变的时机不当,或者在坚持对《圣经》作字面解释的特伦托会议(Council of Trent)召开之后似乎是如此。冲突无可避免,其后果影响至今,引发了无休无止的争论。伽利略既能英勇地尝试改革正统神学的宇宙论基础,也会委曲求全地宣布否认哥白尼的理论,这种强烈的对比使我们可以感受到近代科学诞生时所伴随的那种巨大力量。在受到审讯和谴责之后,伽利略被软禁在家,弥尔顿到阿尔切特里(Arcetri)拜访了他,看到他正要完成其伟大的科学著作《关于两门新科学的谈话》。当我们想起这一幕时,也许会瞥见这位伟人的精神。这部著作是新一代科学家开始对日心宇宙的动力学原理进行伟大探索的基础。

126

127

第六章　开普勒的天体音乐

从希腊时代开始，科学家们就坚持认为自然是简单的。亚里士多德有一句名言："自然不做徒劳多余之事。"14世纪的英格兰僧侣学者奥卡姆的威廉（William of Occam）也表达了这种哲学，即他的"简约律"（law of parsimony）或"奥卡姆的剃刀"（Occam's razor，也许是因为它无情地削除了多余的东西）："如无必要，不得增加实体。""用较少的东西可以做到的，用较多的东西做就是徒然"，或许可以总结这种态度。正如牛顿在《自然哲学的数学原理》中所说："自然不做徒劳之事，当较少的原因足够时，较多的原因就是徒劳的。"原因是："自然是简单的，她不容许自己享用多余的原因。"

我们已经看到，伽利略在处理加速运动问题时假定了简单性原理，近代物理科学的文献表明了无数其他例证。事实上，今天的物理学正身处困境，至少令人惴惴不安，那是因为最近发现的核"基本粒子"似乎很难服从简单的定律。仅仅在数十年前，物理学家们还信誓旦旦地说，质子和电子是可以用来解释原子的"基本粒子"。但时至今日，"基本粒子"接连被发现，其种类之多甚至堪比化学元素。面对着这一大堆令人不知所措的东西，一般的物理学家不由得附和智者阿方索，悲叹造物主事先不曾与他商量。

128

只要考察一下图14，就立刻会明白，托勒密体系和哥白尼体系在任何意义上都不是“简单的”。今天我们知道这些体系为什么会缺乏简单性：将天体运动限制为圆周运动引入了许多不必要的运动曲线和中心。如果天文学家采用了其他某种曲线，特别是椭圆，那么只需少量曲线就能把事情完成得更好。发现这一真理正是开普勒最伟大的天文学贡献之一。

椭圆与开普勒的宇宙

椭圆使我们能够把“真太阳”(true sun)作为太阳系的中心，而不必像哥白尼那样把“平太阳”(mean sun)或地球轨道的中心作为太阳系的中心。于是，开普勒体系展示了一个恒星固定在太空中的宇宙。太阳是固定的，每颗行星都有一个椭圆形的轨道，外加一个月球轨道。事实上，除木星轨道外，这些椭圆都很接近于正圆，所以乍看起来，开普勒体系很像是简化了的哥白尼体系：每颗行星外加月球都在圆周轨道上围绕太阳运动。

椭圆(图 22)并不像正圆那样“简单”。要想画出一个椭圆(图 22A)，可以在图板上钉两枚图钉，将一根线的两端分别系在这两枚图钉上，然后把线绷紧，移动铅笔所画出的轨迹就是椭圆。根据这种画法，便可得知椭圆的定义：椭圆上任何一点 P 到另外两个点 F_1 和 F_2(被称为焦点)的距离之和为常数(这个和等于线的长度。)对于任何一对焦点，所选择的线长决定了椭圆的大小和形状。如果线长已定，那么调整图钉之间的距离，也可以改变椭圆的大小和形状。因此，椭圆的形状(图 22B)可以类似于卵形、雪茄形、针形，甚至可以接近圆形。但与真正的卵、雪茄或针形不同，椭圆永

129

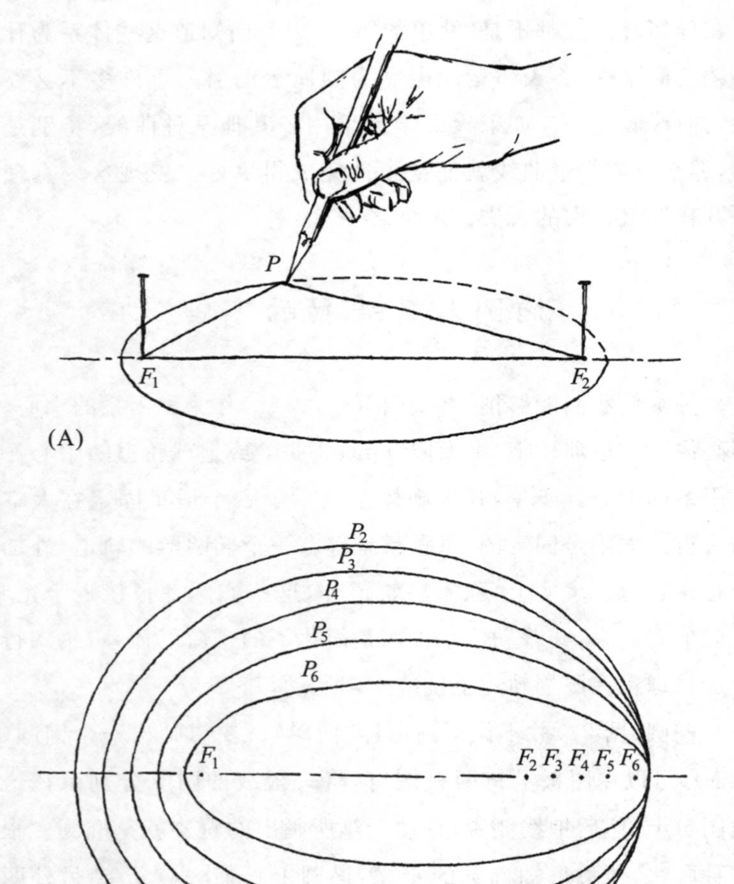

图 22　椭圆的画法如(A)所示。如果使用同样的线，但是将钉子之间的距离变为 F_2，F_3，F_4 等等，则可以画出(B)中的所有图形。

远是轴对称的(图 23)。其中通过两个椭圆焦点的线称为长轴,长轴的垂直平分线称为短轴。如果两个焦点重合,椭圆就变成了圆; 130 另一种说法是,圆是椭圆的“退化”形式。

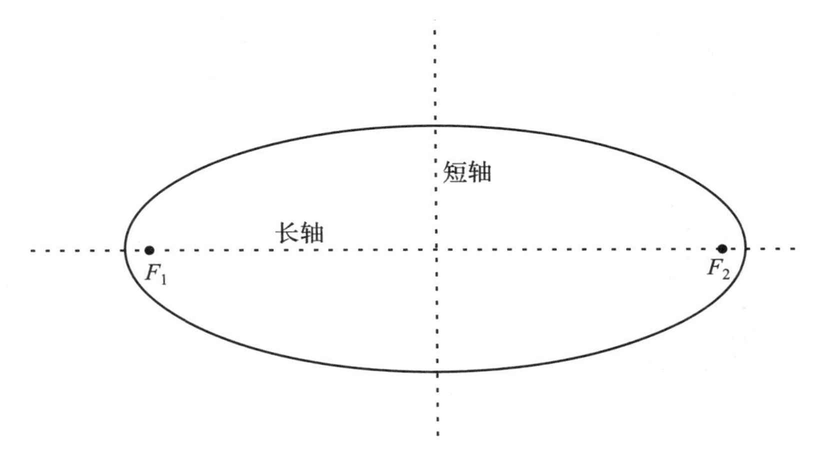

图 23　椭圆总是相对于长轴和短轴对称的。

在古代,希腊几何学家阿波罗尼奥斯描述了椭圆的性质,他所提出的本轮机制为托勒密天文学所采用。他表明,如果用一个平面以不同倾角来切割正锥体或回转锥面,便可形成椭圆、抛物线(伽利略力学中的抛射体轨迹)、圆以及双曲线(图 24)。但是直到开普勒和伽利略时代,从未有人表明圆锥曲线竟会出现在自然的运动现象之中。

这里,我们不准备详细讨论开普勒是如何做出发现的。这并不是因为此主题枯燥无味,事实上远非如此!我们现在关注的是一门新物理学的兴起,它涉及古代、中世纪、文艺复兴和 17 世纪的著作。亚里士多德的著作被广泛阅读,伽利略和牛顿的著作也是

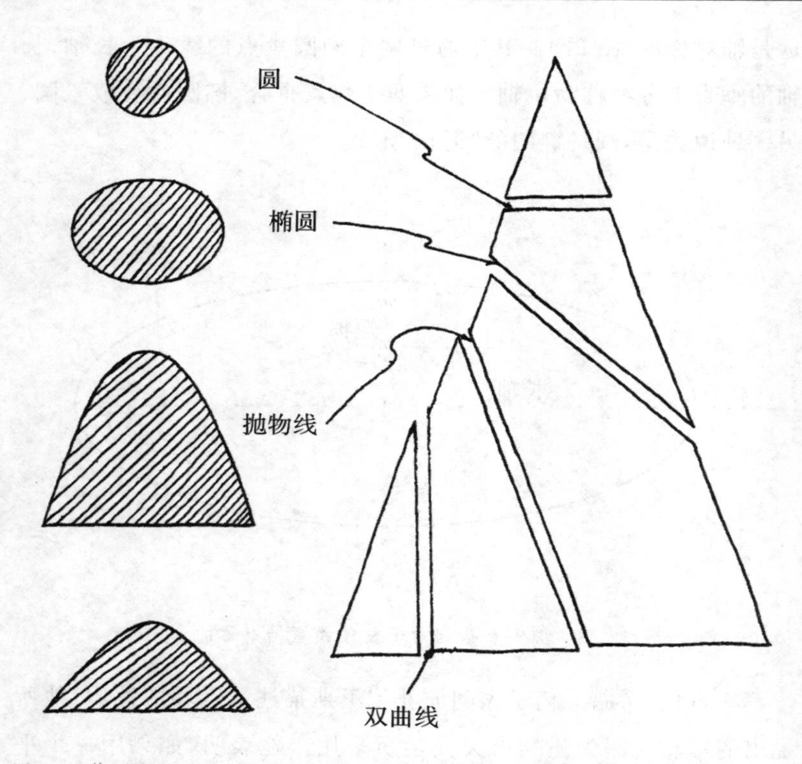

图 24 使用如图所示的切割方法便可获得圆锥曲线。注意，圆是平行于锥底切出的截面，抛物线则是平行于母线切出的截面。

131 如此。虽然人们认真研究托勒密的《天文学大成》和哥白尼的《天球运行论》，但开普勒的著作却没有被广泛阅读。例如，牛顿知道伽利略的著作，但他似乎没有读过开普勒的天文学著作。他是由斯特里特(T. Streete)的天文学手册以及温(V. Wing)的教科书间接知道开普勒定律的。甚至直到今天，开普勒的主要著作都没有完整的英译本、法译本或意大利译本。

这种对开普勒文本的忽视并不难理解。他的语言和文体难以想象地艰涩和冗长，令人生畏和难以忍受，这与清晰流畅的伽利略著作形成了鲜明的对比。这是可以预料的，因为写作可以反映作者的个性。开普勒是一个备受折磨的神秘主义者，他的伟大发现是在怪异的摸索中偶然做出的，因此一位传记作家[①]称他为“梦游者”。他本来准备证明某一事物，结果却发现了另一事物，并且因为某些重大的计算错误而使它们彼此相抵消。他与伽利略和牛顿完全不同，梦游者绝不可能对真理作有目的的探求。开普勒说自己在学生时代就成了一个哥白尼派，“特别是有三种东西，即天体的数、距离和运动，对于这些，我热忱地寻找其原因，为什么它们是现在这样而不是别的样子”。关于哥白尼的日心体系，开普勒在另一处写道：“我当然知道自己对它负有义务：既然我已经在灵魂深处确信它是真理，并且欣喜若狂地凝视到它的美妙，我就应该当着读者们的面竭尽全力为之辩护。”但仅仅捍卫这个体系还不够，他开始毕生致力于寻求一条或一组定律，以说明这个体系如何能够结为一体，为什么行星会在这样的轨道上作这样的运动。

1596 年，25 岁的开普勒发表了这一纲领的第一项成果，名为《宇宙的奥秘》。在这部著作中，开普勒宣布了他关于行星与太阳距离的重大发现。这一发现表明了开普勒如何沉迷于柏拉图-毕达哥拉斯主义传统中，如何渴望在自然中发现数学规律性。希腊几何学家发现，存在着五种“正立体”(regular solid)，如图 25 所示。在哥白尼体系中有六颗行星：水星、金星、地球、火星、木星、土

① Arthur Koestler, *The sleepwalkers* (London: Hutchinson & Co., 1959).

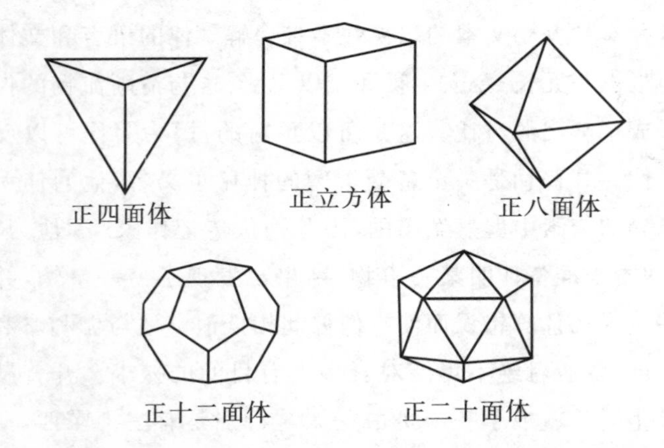

图 25　正多面体。正四面体有四个面，每一个面都是等边三角形。正立方体有六个面，每一个面都是正方形。正八面体有八个面，每一个面都是等边三角形。正十二面体有十二个面，每一个面都是等边五角形。正二十面体有二十个面，每一个面都是等边三角形。

133 星，于是开普勒想到可以用这五种正立体隔开六个行星天球。

他从最简单的正立方体开始入手。正立方体有且只有一个外接天球和内切天球，因此，我们可以假定正立方体的外接天球为 1 号，内切天球为 2 号。这个 2 号天球包含着下一个正立体，即正四面体，正四面体又包含着 3 号天球。3 号天球包含着正十二面体，134 正十二面体又包含着 4 号天球。在这种设计方案中，除了木星（开普勒说，考虑到木星与太阳的距离十分遥远，这并不让人感到惊奇），相继天球的半径之比大约等于哥白尼体系中各行星的平均距离之比。于是，开普勒初次设计的方案便是：

土星天球

正立方体

木星天球
正四面体
火星天球
正十二面体
地球天球
正二十面体
金星天球
正八面体
水星天球

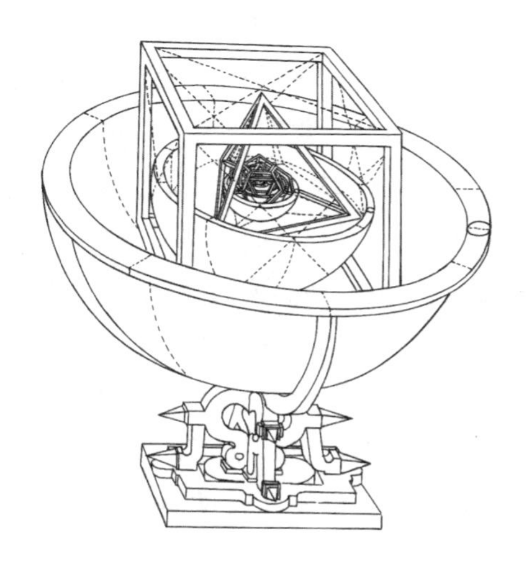
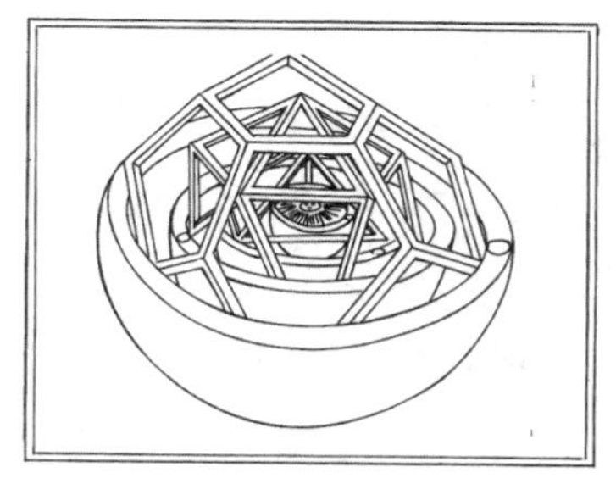

图 26　开普勒的宇宙模型。这种奇特的设计包含着五种层层嵌套的正立体，在开普勒的心目中，这一模型要比使其声名远播的三定律更让他喜爱。该图取自他 1596 年的《宇宙的奥秘》。 135

他说："我着手证明，上帝在创造这个运动的宇宙，对天空做出安排时，想到的是自毕达哥拉斯和柏拉图时代以来为人们所称颂的五种规则的几何体。上帝使天的数目、比例及其运动关系与这些几何体的本性适应起来。”虽然这本书没有获得完全的成功，但却奠定了开普勒的声望，人们认为他是机智的数学家，真正了解天文学。正是在这一基础之上，第谷给了他一份工作。

第谷·布拉赫(1546—1601)是天文观测的改革者。他用结构精良的巨型仪器，大大改进了肉眼确定行星位置以及恒星相对位置的精度。显然，无论是托勒密体系还是哥白尼体系，都无法真正预言天象。不仅如此，较之早期的天文学家，第谷不止是偶尔观察行星，以提供理论的要素或检验理论，事实上，他夜复一夜对行星进行观测。当开普勒终于成为第谷的继任者时，他继承了第谷关于行星观测(尤其是火星)的大量精确数据。我们知道，第谷既不相信托勒密体系，也不相信哥白尼体系，而是提出了自己的地心体系。开普勒忠实于他对第谷的承诺，尝试将第谷的火星数据纳入第谷体系，但失败了，他也没能将这些数据纳入哥白尼体系。但25年的辛劳的确造就了一种关于太阳系的改良的新理论。

136

开普勒在其《新天文学……关于火星运动的评注》[①]中给出了他的第一组重要结果。这部著作出版于1609年，正是在这一年，伽利略第一次将望远镜指向了天空。开普勒曾经做过70次不同的尝试，希望将第谷所获得的数据纳入哥白尼的本轮和第谷的圆周，但全都以失败而告终。于是，开普勒要么必须放弃所有已经接

① 此书的标题《新天文学》(*Astronomia nova*)表明这是一种新的天文学，因为它试图将行星运动与其原因联系起来，因而是一种“天界物理学”。就这一特定目的而言，开普勒并不特别成功——第一部揭示天体运动与物理原因之间关系的现代著作是牛顿的《自然哲学的数学原理》(1687年)。

受的计算行星轨道的方法,要么必须承认第谷的观测不够精确。然而,开普勒的失败并不像初看起来那样悲惨。在以天才的组合计算了偏心圆、本轮和偏心匀速点之后,他使理论预测与第谷的观测之差只剩下了 8 分(8′)。哥白尼本人从不敢奢望自己能够达到超过 10 分的精确度,而莱因霍尔德(Erasmus Reinhold)根据哥白尼方法而计算得出的《普鲁士星表》(*Prussian Tables*),其偏差竟然高达 5 度。1609 年,在把望远镜用于天文学之前,8 分并不是一个很大的角度,它只是一般肉眼能够分辨的两个恒星之间最小距离的两倍。

但是任何近似都不能使开普勒感到满足,他相信哥白尼的日心说,也相信第谷观测的精确性。于是他写道:

> 仁慈的上帝赐予我们第谷·布拉赫这样一个如此认真的观测者。他的观测显示,计算误差了 8 分……我们实在应当感激和利用上帝的这份恩赐……假如我可以忽视这经度上的 8 分,我本来足以修正我在第 16 章中……所发现的假说。但是,既然它不容忽视,单单这 8 分便使我走上了彻底改革天文学的道路,这正是本书大部分内容的主题。

137

开普勒从头再来,终于迈出了革命性一步,即完全抛弃圆周。他尝试着利用卵形线,最终尝试了椭圆。要想知道这一步的革命性到底有多大,我们不妨回忆一下,亚里士多德和柏拉图都坚持认为,行星轨道必须由圆组合而成,托勒密的《天文学大成》和哥白尼的《天球运行论》都遵循这一原理。开普勒的朋友伽利略礼貌地忽视了这一奇怪的偏差。但最终的胜利属于开普勒。他不仅去除了数量繁多的圆，要求每颗行星只有一个卵形线，而且还使系统非常精确，发现了行星位置与轨道速度之间无可置疑的全新关系。

三定律

开普勒的难题不仅是要确定火星的轨道，而且还要发现地球的轨道，因为我们是从地球上观测火星的，而地球本身并非绕着太阳作匀速圆周运动。所幸的是，地球轨道近乎圆形。开普勒不接受哥白尼的观念，即所有行星轨道都以地球轨道的中点为中心，而是发现，*每颗行星的轨道都是椭圆，太阳位于它的一个焦点上*。这就是所谓的开普勒第一定律。①

138　开普勒第二定律告诉了我们行星的轨道运行速度。这条定律说：*太阳与行星的连线在任何相等时间段内扫过相等的面积*。图27显示了行星轨道内三个面积相等的区域。由于这三个阴影区域的面积相等，所以当行星距离太阳最近时运动最快，距离太阳最远时运动最慢。于是第二定律说明，行星轨道速度表观的不规则变化遵循着简单的几何条件。

第一和第二定律显示了开普勒如何改变和简化了哥白尼体

---

① 在那部关于火星的著作中，开普勒第一次导出了独立于任何特定轨道的一般的面积定律。只是到了后来，通过大量艰苦的计算劳动，他才发明了椭圆轨道概念，发现此轨道符合对火星的观测。大约80年后，牛顿在《自然哲学的数学原理》中首先讨论了面积定律（命题1—3），后来（命题11）才讨论了椭圆轨道定律。

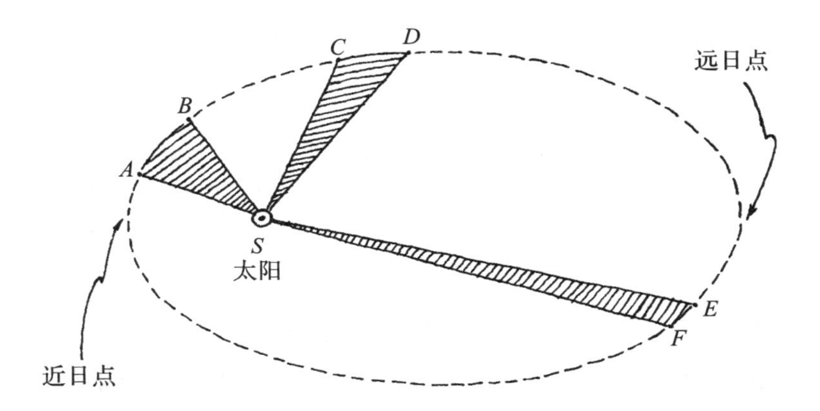

图 27　开普勒的等面积定律。由于行星在相等时间内通过 AB、CD 和 EF 三个弧(因为 SAB、SCD 和 SEF 的面积相等),所以行星在近日点(距太阳最近)时速度最大,在远日点(距太阳最远)时速度最小。此椭圆的形状为一颗彗星的轨道。行星的椭圆轨道更接近圆形。

系。但第三定律即所谓的和谐定律更为有趣。它之所以被称为和谐定律,是因为开普勒认为它证明了真正的天体和谐,甚至将包含这条定律的著作名称也定为《世界的和谐》(1619 年)。第三定律说的是行星绕日运动的周期与到太阳的平均距离之间的关系。我们将周期(T)和平均距离(D)列成一个表,此表以及下文中的距离均以天文单位表示。根据定义,一个天文单位就是地球与太阳的平均距离。此表显示,D 与 T 之间并无简单关系。

	水星	金星	地球	火星	木星	土星
周期 T(年)	024	0.615	1.00	1.88	11.86	29.457
与太阳的平均距离 D (天文单位)	0.387	0.723	1.00	1.524	5.203	9.539

于是开普勒取 D、T 这些值的平方，看看会有什么发现。结果
139 可列表如下：

	水星	金星	地球	火星	木星	土星
T^2	0.058	0.378	1.00	3.53	141	867.7
D^2	0.150	0.523	1.00	2.323	27.071	90.993

在 D 与 T^2，或 D^2 与 T，甚至 D^2 与 T^2 之间仍然找不出明显关系。普通人到了这种山穷水尽的地步肯定会放弃，然而开普勒却没有！他坚信这些数字之间必定存在着某种关系，他决不会就此放弃。下一个幂是立方。T^3 没有什么用处，但 D^3 却给出了如下数字。
140 记下它们，并转回到平方表。

	水星	金星	地球	火星	木星	土星
D^3	0.058	0.378	1.00	3.54	141	867.9

这便得到了天体的和谐，即第三定律：任何两颗围绕太阳运行的行星（包括地球），其周期的平方与到太阳平均距离的立方成正比。

用数学语言来表示，就是"T^2 总与 D^3 成正比"，或

$$\frac{D^3}{T^2}=K$$

其中 K 是常数。如果 D 和 T 分别以天文单位和年为单位，则 K 的值为 1。（如果以英里为距离单位，以秒为时间单位，则常数 K 就不等于 1。）另一种表示开普勒第三定律的方式是：

$$\frac{D_1^3}{T_1^2}=\frac{D_2^3}{T_2^2}=\frac{D_3^3}{T_3^2}=\frac{D_4^3}{T_4^2}=\cdots\cdots=K$$

其中 D_1 和 T_1，D_2 和 T_2，……分别是太阳系内某一行星的距离和周期。

为了了解此定律的应用，我们假设发现了一颗新的行星，它与太阳的平均距离为 4AU，则它的运行周期是多少？开普勒第三定律告诉我们，这颗新行星的比 D^3/T^2 必然等于地球的比 ${D_0}^3/{T_0}^2$。即

$$\frac{D^3}{T^2}=\frac{(1\mathrm{AU})^3}{(1^y)^2}$$

由于 $D=4\mathrm{AU}$，所以

$$\frac{(4\mathrm{AU})^3}{T^2}=\frac{(1\mathrm{AU})^3}{(1^y)^2}$$

$$\frac{64}{T^2}=\frac{1}{(1^y)^2}$$

141

$$T^2=64\times(1^y)^2$$

$$T=8^y$$

同样也可以解决相反的问题。例如，假设某颗行星的运行周期是 125 年，那么它与太阳的距离是多少？

$$\frac{D^3}{T^2}=\frac{(1\mathrm{AU})^3}{(1^y)^2}$$

$$\frac{D^3}{(125^y)^2}=\frac{(1\mathrm{AU})^3}{(1^y)^2}$$

$$\frac{D^3}{125\times125}=\frac{(1\mathrm{AU})^3}{1}$$

$$D^3=25\times25\times25\times(1\mathrm{AU})^3$$

$$D=25\mathrm{AU}$$

用这种方法可以解决任何卫星系统的类似问题。第三定律的意义在于，它是一条关于必然性的定律。也就是说，它说明了在任

何卫星系统中，卫星不可能以任意的速度或任意的距离运动。一旦选定了距离，速度亦随之确定。在我们的太阳系中，此定律暗示太阳有控制力，使诸行星按照目前的情况运动。除此之外，我们再也找不到有其他方法，能够说明速度与到太阳的距离有如此精确的关系。开普勒认为，太阳的作用至少在部分程度上是磁作用。当时已经知道，即使两块磁体距离很远，也仍然可以彼此吸引。如果移动其中一块磁体，则另一块磁体也会因此而运动。开普勒知道，英格兰女王伊丽莎白一世（Queen Elizabeth）的御医吉尔伯特（William Gilbert，1544—1603）已经表明，地球是一个巨大的磁体。假如太阳系中的所有物体都相似而并非相异，一如伽利略和日心体系所表明的，那么为什么太阳和其他行星不能像地球一样也是磁体呢？

142 开普勒的设想无论多么诱人，都没有直接解释为什么行星会在椭圆轨道上运动，并且在相等时间内扫过相等的面积，也没有告诉我们为什么他所发现的那种距离—周期关系会成立，它与物体（根据伽利略落体定律）在静止的或运动的地球上降落这样的问题似乎也没有什么关联，因为一般的石块和木块都没有磁性。我们将会看到，是牛顿最终回答了所有这些问题，并把其发现建立在开普勒和伽利略所发现的定律上。

开普勒与哥白尼派

为什么开普勒的美妙结果没有被哥白尼派普遍接受？从开普勒发表它们（Ⅰ，Ⅱ，1609；Ⅲ，1619）开始，到牛顿发表《自然哲学的数学原理》之前，鲜有著作提到开普勒三定律。伽利略收到过开普勒著作的复本，当然知道有关椭圆轨道的提议，但在他自己的科学著作中，他从未提到过开普勒的任何定律，也从未加以褒贬。在某种程度上，伽利略的反应必定属于哥白尼派，他所坚持的正圆信仰蕴含在哥白尼著作《天球运行论》的标题之中。这部著作一开始就说宇宙是球形。不久便是对这一主题的一段讨论："天体的运动是均匀而永恒的圆周运动，或是由圆周运动复合而成。"其正文是：

> 球体的自然运动就是旋转，球体正是通过这样的动作显示它具有最简单物体的形状。当它本身在同一个地方旋转时，起点和终点既无法发现，又无法相互区分……
>
> [尽管有这些观察到的表观的不规则性，比如行星的逆行，]我们应当承认，这些星体的运动总是圆周运动，或者是由许多圆周运动复合而成的，否则这些不均匀性就不可能遵循一定的规律定期反复。因为只有圆周运动才可能使物体回复到先前的位置。例如，太阳由圆周运动的复合可以使昼夜更替不绝，四季周而复始。

143

开普勒并不认为行星轨道是"圆"或"圆的组合"，因此他与哥白尼背道而驰。再者，他部分是通过重新引入托勒密天文学的"偏心匀速点"而得到结论的，而这是哥白尼最反对的。开普勒在天文学中引入了一个简单的近似，以取代面积定律。开普勒说，任何行星与其椭圆的空焦点[即与太阳所在位置对称的另一焦点]的连线（图28）均匀旋转，或非常近似于均匀旋转。这条线在相等时间内扫过相等的角所围绕的这个空焦点便是偏心匀速点。(顺便说一句,开普勒的这后一"发现"其实并不正确。)

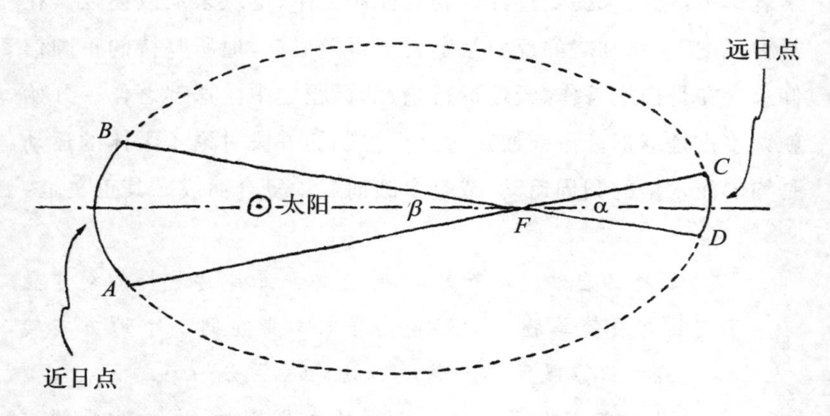

图 28 开普勒的偏心匀速点定律。如果行星在相等时间内相对于空焦点 F 扫过相等的角度,那么它将在相等时间内通过弧$\widehat{AB}$和$\widehat{CD}$,因为角度α与β相等。根据这一定律,行星通过弧$\widehat{AB}$(在近日点)时要比通过$\widehat{CD}$(在远日点)时运动得更快,一如等面积定律所预言的。然而,这条定律只是一种粗略的近似。但在 17 世纪,某些修正因素被加到这一定律中,使它给出了更为精确的结果。

几乎从任何观点来看,椭圆轨道似乎都不能成立。什么样的力能够驱使行星沿着椭圆轨道依照等面积定律所要求的速度变化而运动呢?我们不再重述开普勒对这一点的讨论,而是将注意力集中到它的一个方面。开普勒假定太阳会发出某种驱使行星运动的力或流射。这种力(有时被称为"施动灵魂"[*anima motrix*])并不是由太阳向四面八方扩展。为何会如此?因为它的功能毕竟只是推动行星,而这些行星都位于一个平面或非常接近一个平面之内，即所谓的“黄道面”。因此，开普勒假定这种施动灵魂只是在黄道面内扩展。开普勒发现，由光源向四面八方扩散的光线，其强度与距离的平方成反比。也就是说，如果距离灯 3 英尺远的地方为某种强度或亮度，则距离灯 6 英尺远的亮度仅为它的 1/4，因为距离相差 2 倍，而 2 的平方是 4。用方程来表示就是，

$$\text{强度} \propto \frac{1}{\text{距离}^2}$$

但开普勒认为，太阳的力并非像太阳光那样，依照平方反比律向四面八方扩展，而是遵循一个完全不同的定律，仅在黄道面内扩展。由这种双重错误的假设出发，开普勒导出了他的等面积定律——他在发现行星轨道是椭圆之前就这样做了！开普勒的程序与我们所认为的“逻辑”程序之间的区别是，开普勒并非首先发现了火星环绕太阳的真正路径，然后再通过太阳或火星的连线所扫过的面积来计算速度。这只是开普勒关于火星的著作难以理解的一个例证。

开普勒的成就

伽利略特别不喜欢那种太阳流射或超距作用的神秘力量影响地球的观念。他不仅不认同开普勒所提出的看法，即太阳可能是一种推动地球或行星的吸引力的来源（开普勒的前两个定律都是基于此），而且特别不同意开普勒所建议的，月球的力或流射可能是形成潮汐的原因。他写道：

145

但在所有那些对这一显著事实作过哲学思考的伟人当中，我对开普勒最感到惊讶。尽管他有着开明睿智的头脑，把运动赋予了地球，但却认为月球统治着海洋，认同隐秘的属性，认同这些幼稚的东西。

至于和谐定律或第三定律，我们可以用伽利略及其同时代人的口气问：这是科学还是命理学？开普勒已经公开承认自己相信，望远镜不仅应该揭示伽利略所发现的木星的四颗卫星，而且还应该揭示火星的两颗和土星的八颗。之所以是这些数目，他的理由是，那样一来，每颗行星的卫星数目就可以按照几何级数增加了：1（地球），2（火星），4（木星），8（土星）。开普勒的距离一周期关系岂不是某种纯粹的数字戏法而非真正的科学吗？在《世界的和谐》第五卷的内容列表中，他试图把行星运动和位置的数字与以下问题配合起来，这难道不能证明开普勒整部著作一般的非科学特征么？

1. 论五种正立体形。

2. 论和谐比例与五种正立体形之间的关系。

3. 研究天体和谐所必需的天文学原理之概要。

4. 哪些与行星运动有关的事物表现了简单和谐，曲调中出现的所有和谐都可以在天上找到。

5. 音阶的音符或在体系中的音高以及大小两种音程都表现于特定的运动。

146 6. 音调或音乐的调式分别以某种方式表现于每颗行星。

7. 所有行星之间的对位或普遍和谐可以存在，而且可以彼此不同。

8. 四种声部表现于行星：女高音、女低音、男高音和男低音。

9. 证明为产生这种和谐布局，行星的偏心率只能取为它实际所具有的值。

10. 结语：关于太阳的诸多猜想。

以下是开普勒体系中行星所演奏的“曲调”。

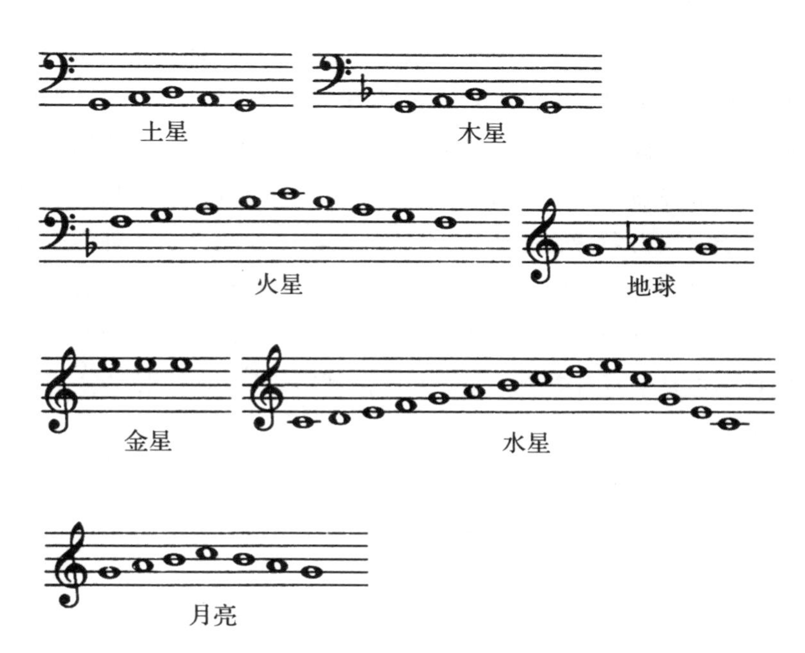

图 29　开普勒的行星音乐，取自他的《世界的和谐》。难怪像伽利略这样的人从不费心读它！

当然,像伽利略这样的人会觉得这样一本书很难称得上是对天体物理学的严肃贡献。

147

开普勒最后一部重要著作是1621年也就是他逝世前9年出版的《哥白尼天文学概要》。在这本书中,开普勒为他偏离了原始的哥白尼体系作了辩护。但最令人感兴趣的是,就像在《世界的和谐》(1619年)中一样,开普勒在这本书中再一次自豪地提出了他早年关于五种正立体和六颗行星的发现。他仍然坚持认为,由于正立体有五种,所以只可能有六颗行星。

将开普勒三定律与他的其余著作分离开,与重新做出这些发现工作量差不多。可以说是开普勒第一次认识到,哥白尼的作为行星的地球概念以及伽利略的发现要求有一种物理学,能够同时适用于天界物体和普通的地界物体。可惜的是,开普勒仍然过分沉溺于亚里士多德的物理学,当他试图把一种地界的物理学投射到天上时,他仍然以亚里士多德的观念作为基础。于是,开普勒物理学的主要目标仍然没有达到,第一种能够同时适用于天与地的物理学不是来自开普勒,而是来自伽利略,并且在牛顿的主导下成形。[①]

---

① 开普勒的确把"惯性"引入了运动物理学,但开普勒所说的"惯性"与后来(以及现在)这个术语的含义非常不同;参见附录8。

第七章　宏伟的设计——新物理学

[148] 1687年出版的牛顿的《自然哲学的数学原理》是整个物理学史上最重大的事件之一。数千年来，人们力求了解世界体系、力和运动的原理以及物体在不同介质中运动的物理学，这部著作可以说是这些努力的顶峰。虽然《自然哲学的数学原理》的物理学已经被改变、改良和受到挑战，但对于天体力学和宏观物理学中的很多问题，我们至今仍然像300年前的牛顿那样加以解决，这足以证明牛顿的科学天才。牛顿的天体力学原理支配着我们的人造卫星、航天飞机和探索太阳系的宇宙飞船。如果这些还满足不了“伟大”的标准，那么牛顿作为一位纯粹的数学家也是同样伟大的。他发明了微积分(与德国哲学家莱布尼茨同时独立发明)，这是物理学的语言；他提出了二项式定理以及无穷级数的各种性质，并且奠定了变分法的基础。在光学方面，牛顿对光的分解与合成作了实验研究，表明白光由许多不同颜色的光混合而成，其中每一种光都有特定的折射率。根据这些研究，产生了光谱学和颜色分析法。牛顿发明了反射式望远镜，从而向天文学家指明了如何超越透镜的限制。总之，牛顿的科学成就令人难以置信，可以说前无古人，也很可能后无来者。[149]

在本书中，我们只讨论牛顿的动力学体系和引力理论，前面各章为这些核心问题作了准备。如果你已经认真阅读了前面的内容,那么除了一项重要内容,你已经能够理解牛顿宇宙体系的所有东西,这项内容就是对匀速圆周运动的分析。然而,即使理解这一点,我们仍然需要牛顿的指导才能将各种因素拼合在一起。提出万有引力的新概念必须由天才来完成。现在我们来看看牛顿实际是怎么做的。

首先应当知道,伽利略本人从未试图展示任何力的框架以说明行星或卫星的运动。至于哥白尼,《天球运行论》并未包含对天体力学的重要洞见。开普勒虽然试图提供一种天体的机械论,但结果并不令人满意。他主张,太阳所流射出来的“施动灵魂”可以使行星环绕着太阳作圆周运动,并且进一步认为,太阳与行星之间的磁相互作用能够使行星的圆周轨道变为椭圆。其他思考行星运动问题的人提出了各种力学体系,它们包含着某些特征,后来在牛顿动力学中都会出现。其中之一是胡克(Robert Hooke),他非常合理地认为牛顿应当给他更多的褒扬,而不仅仅是附带提及,他曾经预见到动力学定律和引力定律的一部分内容。

牛顿的预见

关于宇宙力学发明过程的高潮要从一个美妙的故事开始说起。在17世纪的第三个25年,有一群人极其渴望推进新的数学实验科学,他们一起去实验,彼此提出问题寻求解答,报告自己的研究,并通过书信、书籍和小册子来讨论别人的研究。后来,胡克、哈雷(Edmond Halley)、英国最优秀的建筑师雷恩(Sir Christo-

150

pher Wren）聚在一起讨论这样一个问题：行星在何种力的定律的作用下才能沿椭圆轨道运行？根据开普勒的定律，尤其是第三定律或和谐定律，也包括第二定律或等面积定律，太阳必定按照行星与太阳的相对距离而支配（至少是影响）行星的运动。即使开普勒所提出的那种机制（施动灵魂和磁力）不得不被抛弃，行星与太阳之间也无疑存在着某种相互作用，使行星能够维持在轨道上。不仅如此，如果具有比开普勒更加锐敏的直觉，就会感到任何从太阳流射出来的力都必须沿四面八方扩展，其强度大概与到太阳距离的平方成反比，就像光的强度随距离而减弱一样。但说这些与通过数学来证明它是非常不同的。因为证明它需要有一整套物理学，包含可以解决所有相关问题的数学方法。牛顿拒不感谢那些只是提出一般命题、但没能用数学证明它或将其纳入一个有效的动力学框架的作者。他针对胡克的话合理地说："现在难道不是很好吗？发现、解决并且做完一切事情的数学家们必须自认为是枯燥的计算者和苦工；而另一个人虽然什么也不做，却号称掌握了一切，必须拿走所有的发明，不论是前人还是后人所做出的成果。"（参见附录11。）

无论如何，到了1684年1月，哈雷得出以下结论：使行星保持在轨道上的作用力"与距离的平方成反比"，

$$F \propto \frac{1}{D^2}$$

但他无法由这一假说导出天体的视运动。不久以后，雷恩和胡克在当月聚会时，同意哈雷所假设的太阳的力。胡克夸口说，根据这条原理，所有天体运动的定律都将[即能够]被证明，而且他本人已　151

经完成了这一证明。然而，不论雷恩如何再三敦促，甚至还提供了一份可观的奖金，胡克都没有——大概是没有办法——给出解答。6个月后，即1684年8月，哈雷决定到剑桥拜访牛顿。他一到那里就听说了一个"好消息"：牛顿"已经给出了完美的证明"。以下是棣莫弗(De Moivre)对那次拜访几乎同时代的记述：

> [1684年，哈雷博士来剑桥访问。]他们待了一会儿以后，[哈雷]博士问他，要是太阳的引力与行星到太阳距离的平方成反比，行星运行的曲线会是什么样。艾萨克爵士马上回答说，会是一个椭圆。博士十分惊喜，问他是怎么知道的。"哎呀，"他说，"我已经计算过。"接着，哈雷博士马上要他的计算材料。艾萨克爵士在材料堆里翻了一会儿，没有找到，但他答应再算一遍，然后寄给他。为了保守承诺，艾萨克爵士又一次投入到工作中，但却没能得到他自以为认真考察过的结论。不过他又尝试了一种新方法，虽然花费的时间更长，但还是再次得到了先前的结论。然后他仔细检查了他以前所作的计算为何被证明是不正确的，他发现，在亲手绘制了一个粗糙的椭圆之后，他画了曲线的两个轴，而不是画两条相互倾斜的直径(他也许想象的是任何两条共轭直径)，而这是他必须做的。在觉察到这一点之后，他终于使两次计算吻合了。

受哈雷拜访的激励，牛顿继续对他在20多岁就曾注意过的一个主题进行研究，那时他已经为其他那些伟大的科学发现奠定了基础:白光和颜色的本质,以及微积分等等。他现在将研究加以整理,取得了巨大进展。当年秋天,为获得教授职位,牛顿在剑桥大学的一系列动力学讲演中讨论了他的研究。最后,在哈雷的鼓励下,这些讲演的一份草稿——《论物体的运动》(*De motu corporum*)成为有史以来最伟大、最有影响的著作之一。哈雷为牛顿的《自然哲学的数学原理》(*Philosophiae naturalis principia mathematica*,1687 年)写了一首颂词作为前言,许多科学家都表达过类似的感叹: 152

你们,啊!饮天神美酒的人,
和我一起歌颂牛顿的名字吧,
他打开了隐秘真理的宝匣,
牛顿,缪斯垂青的人,
太阳神居住在他的心中,
使他洋溢着神性,
比任何一个凡人更接近神。

《自然哲学的数学原理》

《自然哲学的数学原理》分为三个部分或三卷,我们将集中于它的第一和第三部分。在第一卷中,牛顿提出了运动物体一般的动力学原理;在第三卷中,他将这些原理应用于宇宙的机制;第二卷则讨论了流体力学、波动理论以及物理学的其他方面。

在第一卷中,在前言、定义和对时间空间本性的探讨之后,牛顿提出了“运动的公理或定律”：

定律 I

每个物体都保持其静止或匀速直线运动状态，除非有外力作用于它迫使其改变那个状态。

定律 II

运动的变化正比于所施加的推动力，变化的方向沿着所施加的力的直线方向。

如果一个物体作匀速直线运动，那么与物体运动方向成直角的力将不会影响它的前行。这源于加速总是沿着力的方向，因此在这种情况下，加速与运动方向垂直。于是，在第五章的玩具火车实验中，主要作用力是向下的重力，产生竖直的加速度。因此，无论小球是向前运动还是处于静止，都会减慢它向上的运动直到静止，然后在下降时加速。

比较两组照片，我们可以看到无论火车处于静止还是作匀速运动，上升和下降都是一样的。在向前的方向上，重量或重力不产生影响，因为它只沿着向下的方向发生作用。向前或水平方向上唯一的力就是微弱的空气摩擦，几乎可以忽略；所以我们可以说，在水平方向没有作用力。根据牛顿第一运动定律，小球将和火车一样继续向前作匀速直线运动，这一点我们可以通过照片看出来。无论火车处于静止还是作匀速直线运动，小球都处于火车上方。这条运动定律有时被称为惯性原理，物体继续保持静止或作匀速直线运动的性质有时被称为物体的惯性。①

牛顿通过抛射体继续向前运动来阐述第一定律，认为“如果没有空气阻力的阻碍或重力向下牵引，就将保持射出时的运动”，他还提到了“行星和彗星一类较大物体”。（关于“行星和彗星一类较大物体”的运动的惯性，参见附录 12。）这一次，牛顿采取了与亚里士多德物理学相反的观点。亚里士多德认为，如果没有力的作用，天体就无法作匀速直线运动，因为那将是一种与自己本性相反的“受迫”运动。正如我们已经看到的，如果没有外在或内在的推动力，地球上的物体也无法沿着“自然的”直线运动。牛顿则提出了一种同时适用于地界和天界物体的物理学，他说在没有力的情况下，物体并不像亚里士多德所认为的那样必然静止或趋向于静止，而是可能以恒定速度沿直线运动。所有物体在没有力的情况下对静止或匀速直线运动“不加分辨”，这显然是伽利略在关于太阳黑子著作中说法的一种高级形式，区别在于，在那本书中，伽利略写的是物体沿着与地球同心的球形表面的均匀运动。

154

关于运动定律，牛顿说它们“已经为数学家们所接受，也得到了大量实验确证。根据前两条定律和前两个推论，伽利略曾发现物体的下落随时间的平方而变化，抛射体的运动轨迹是抛物线，只

---

① 已知最早的关于此定律的表述见于笛卡尔的一本未发表的书。它第一次公开发表是在伽桑狄（Pierre Gassendi）的一部著作中。但在牛顿的《自然哲学的数学原理》之前，并没有完全成熟的惯性物理学。值得注意的是，笛卡尔的这本早期著作乃是基于哥白尼的观点，在得知伽利略受到谴责之后，笛卡尔并未将它公之于众。伽桑狄也是一个哥白尼派。他的确做了实验，曾经让物体从运动的船和车上下落，以检验伽利略关于惯性运动的结论。笛卡尔最初在其《哲学原理》（1644 年）中发表了这一惯性定律版本；笛卡尔《世界》中较早的表述发表于笛卡尔 1650 年去世之后。参见附录 8。

要这些运动不受空气阻力的些微阻碍，就都与经验相吻合”。“两个推论”讨论的是伽利略及其先驱者们组合两个不同的力或两种独立运动所使用的方法。在伽利略《关于两门新科学的谈话》出版50年后，已经建立了一门惯性物理学的牛顿很难设想，伽利略能够在不完全抛弃圆周、没有认识到正确的直线惯性原理的情况下，和他一样接近惯性概念。

牛顿对伽利略很是慷慨，因为无论伽利略在多大程度上“真的”拥有了惯性定律或牛顿第一定律，说他对第二定律同样有贡献也是很难的。第二定律有两部分。在牛顿关于第二定律的后半段陈述中，由“所施加的”(impressed)或“推动的”(motive)力所产生的“运动变化”(无论是物体运动速率的变化，还是其运动方向的变化)的方向“沿着所施加的力的直线方向”。这在很大程度上蕴含155在伽利略关于抛射体运动的分析中，伽利略认为，在向前的方向上没有加速度，因为除了可以忽略不计的空气摩擦，没有水平的力；但在竖直方向上，由于有向下作用的重力，所以存在着加速度或向下速度的连续增加。但第二定律的第一部分——运动的变化与推动力有关——却是另外某种东西；只有牛顿这样的人才能从伽利略对落体的研究中看出这一点。定律的这部分内容说，如果对一个物体先施以作用力 F_1，然后再施以另一个作用力 F_2，则所产生的加速度或速度变化 A_1 和 A_2 将与作用力成正比，即

$$\frac{F_1}{F_2}=\frac{A_1}{A_2}, \text{或}$$

$$\frac{F_1}{A_1}=\frac{F_2}{A_2}$$

但在落体分析中，伽利略讨论的是每一物体只有一个作用力即其重量 W 的情况，对于自由落体而言，它所产生的加速度为 g。（关于牛顿第二定律的两种形式，参见本章结尾的补充注释。）

亚里士多德说，力使物体有速度，牛顿则说，力使物体有加速度 A。为了找到速度 V，我们必须知道力的作用时间有多长（T），或者物体加速的时间有多长，从而可以应用伽利略的定律

$$V=AT$$

这里我们讨论一个思想实验，假定有两个铝制的立方体，体积相差一倍。（顺便说一句，立方倍积问题，即如何使一个立方体的体积是给定立方体体积的二倍，与三等分角或化圆为方问题一样，在欧几里得几何框架内都是不可能的。）我们对较小的立方体施以一连串作用力 F_1, F_2, F_3，……其相应的加速度分别为 A_1, A_2, A_3，……依照第二定律，力与加速度之比应为常数，设此常数为 m_s，则

$$\frac{F_1}{A_1}=\frac{F_2}{A_2}=\frac{F_3}{A_3}=\cdots\cdots=m_s$$

再以同样步骤施于较大的立方体，发现同样的一组作用力 F_1, F_2, F_3，……分别产生另一组加速度 a_1, a_2, a_3，……，依照牛顿第二定律，力与加速度之比仍为常数，设此常数为 m_l，则

$$\frac{F_1}{a_1}=\frac{F_2}{a_2}=\frac{F_3}{a_3}=\cdots\cdots=m_l$$

事实表明，较大立方体的常数恰好是较小立方体常数的二倍。一般地，只要我们处理的是像纯铝这样的物质的变化，则此常数将与物体的体积成正比，因此是任何样本中铝的量的度量。这一常数是对物体反抗加速度的一种度量，或者说是物体力图保持其现

156

有状态(不论是静止还是直线运动)的一种度量。保持 $m_l = 2m_s$，如果要使两个物体有相同的加速度或发生同样的运动改变，则较大物体所需的力将恰好为较小物体所需力的二倍。我们将物体保持静止或匀速直线运动状态的趋势称为惯性，所以牛顿第一定律也被称为惯性原理。由力与加速度之比所确定的常数称为该物体的惯性。但对于我们的铝块来说，由于这一常数也是物体“物质的量”的一种度量，所以也被称为它的“质量”。对于两个不同材料的 157 物体，比如一个是铜的，一个是木的，它们具有相同“物质的量”的精确条件是：具有由力与加速度之比所确定的同样的质量，或者说同样的惯性。

在日常生活中，我们用来比较“物质的量”的并非惯性，而是它们的重量。牛顿物理学说明了个中原因，通过这种澄清，我们才知道为什么不论在地球上的任何地方，两个重量不等的物体在真空中都会以相同速度下落。然而，至少有一种常见状况，即当我们拿起两个物体，想知道哪一个较重或质量较大时，我们总是去比较物体的惯性，而不是物体的重量。我们并不是举着物体平伸出去，看看哪个物体向下牵引手臂的力较大，而是将物体上下掂量，以发现哪个物体更容易移动。这样便可以确定哪个物体更有能力抗拒自己直线运动状态或静止状态的改变，也就是具有更大的惯性。(关于牛顿的惯性概念，参见附录 15。)

惯性定律的最终表述

在《关于两门新科学的谈话》中，伽利略设想一个圆球沿着平面滚动，并且指出："如果平面无限延伸，那么在这个平面上的均匀运动将是永恒的。"对于一个柏拉图主义的纯数学家来说，一个无限的平面并没有什么不对。但伽利略却将这样一种柏拉图主义与在实际感觉经验世界的应用结合起来。在《关于两门新科学的谈话》中，伽利略感兴趣的并不只是抽象事物本身，而且还有对地球表面附近实际运动的分析。我们知道，在讨论了无限平面之后，他并没有继续这种想象，而是问，如果它是一个实际的地球平面（他指这个平面"有边界并且被抬高"），那么这个平面上会发生什么。在实际的物理世界中，圆球将会落下平面，开始落向地面。在这种情况下，

> 运动物体（设想它是有重量的）在越过平面边界时，除了原有的均匀而永恒的运动之外，还会由于它自身的重量而获得一种向下的倾向；于是就产生了某种运动，它由均匀而水平的运动和向下的自然加速运动组合而成，我称之为"抛射"。

158

与伽利略不同，牛顿在抽象的数学世界与物理（他仍然称之为哲学）世界之间作了明确区分。于是，《自然哲学的数学原理》既包括"数学原理"本身，也包括那些可应用于"自然哲学"的原理，而伽利略的《关于两门新科学的谈话》只包含在自然中得到例证的数学条件。牛顿显然知道太阳对行星的吸引力与距离的平方成反比：

$$F \propto \frac{1}{D^2}$$

但在《自然哲学的数学原理》的第一卷中，他不仅探究了这种特定

的力的推论，而且还探究了其他完全不同的距离依赖关系，包括

$$F \propto D$$

“宇宙体系”

《自然哲学的数学原理》的第三卷讨论“宇宙体系”，牛顿一开篇就解释了它与讨论“物体运动”的前两卷有何不同：

> 在前两卷中，我已经奠定了哲学的基本原理；这些原理不是哲学的（属于物理学），而是数学的：由此可以在哲学探索中进行推理。哲学原理是某些运动和力的定律和条件，这些运动和力主要是与哲学有关的；为了不使它们流于枯燥贫乏，我还曾不时引入哲学附注加以说明，指出某些事物具有普适特性，它们似乎是哲学的主要依靠；诸如物体的密度和阻力，完全没有物体的空间，以及光和声音的运动，等等。现在，我要由同样的原理来证明宇宙体系的结构。

159

我认为可以公平地说，正是由于既可以用纯数学的方式，也可以用“哲学的”（或物理学的）方式来考虑问题，这种自由使得牛顿能够提出第一定律和完整的惯性物理学。毕竟，物理学作为一门科学可以用数学方式发展起来，但它必须依赖于经验，而经验从未向我们展示过纯惯性的运动。即使在伽利略所讨论的有限的直线惯性的例子中，也总有空气的摩擦，而且运动几乎立即就会停止，比如当抛射体接触地面时。在伽利略探讨的整个物理学范围内，

没有一个物理对象的例子能够在哪怕非常短的时间内有一个纯粹惯性的分量。也许正是由于这个原因，伽利略从未提出一般的惯性定律。他的的确确是一位物理学家。

而作为数学家，牛顿很容易设想物体永远沿直线作匀速运动。蕴含着无限宇宙的"永远"一词并不使他感到惊恐。我们注意到，他对惯性定律的表述，即物体的自然状态是作匀速直线运动，出现在《自然哲学的数学原理》的第一卷中。据他说，这部分内容是数学的而不是物理的。既然物体的自然状态就是作匀速直线运动，那么这种惯性运动必定能够刻画行星。然而，行星并非沿直线运动，而是沿椭圆运动。倘使用伽利略对这一问题的解答方式，牛顿可以说行星必定参与了两种运动：一种是惯性运动（匀速直线运动），另一种永远与这条直线成直角，将行星拉入自己的轨道。（参见附录 11 和 12。）

行星虽然不作直线运动，但却是宇宙中可以观察到的惯性运动的最好例证。如果不是由于惯性运动的分量，那么这种继续不断地拉着行星远离直线的力就会把行星拉向太阳，直到相撞。牛顿曾经用这种论证来证明造物主的存在。他说，如果行星不曾接受到这样一种推动，从而获得运动的惯性（或切线）分量，那么太阳引力就不会使行星保持在轨道上，而是会使之向着太阳本身作直线运动。因此，宇宙不能只用物质来解释。 160

对伽利略而言，纯粹的圆周运动仍然可以是惯性运动，比如在地球表面或接近地球表面的物体的例子；但是对牛顿而言，纯粹的圆周运动并不是惯性运动，而是加速运动，需要力来维持。是牛顿最终打破了"正圆"的束缚，并且表明了如何基于运动定律建立一门天体力学，因为行星的椭圆（差不多是正圆）轨道运动并非纯粹的惯性运动，而是需要有外力继续作用，这种力就是万有引力。

另一点与伽利略不同的是，牛顿决定"展示宇宙体系的结构"，或者用今天的话说，表明地界运动的一般定律如何能够应用于行星及其卫星。

在《自然哲学的数学原理》的第一条定理中，牛顿说明了如果物体作纯粹的惯性运动，那么对于不在运动轨迹上的任何一点都可以应用等面积定律。换言之，从任何物体到这一点的连线在相等时间内都会扫过相等的面积。假设有一物体沿直线作纯粹的惯性运动，PQ 是直线的一段，那么在一组相等的时间段内（图 30），物体将通过相等的距离 AB，BC，DC，……因为正如伽利略所表明的，在匀速运动中，物体在相等时间内走过相等的距离。我们注意到，从点 O 引出的线段在这些相等的时间内扫过相等的面积，即三角形 OAB，161 OBC，OCD，……的面积是相等的，因为三角形面积是底乘高的一半，而这些三角形都有相等的高 OH 和相等的底。由于

$$AB=BC=CD=\cdots$$

那么

$$\frac{1}{2}AB\times OH=\frac{1}{2}BC\times OH=\frac{1}{2}CD\times OH=\cdots$$

或

$$\triangle OAB\text{ 的面积}=\triangle OBC\text{ 的面积}=\triangle OCD\text{ 的面积}=\cdots$$

于是，《自然哲学的数学原理》所证明的第一条定理就说明，纯粹的惯性运动会导出等面积定律，从而导出开普勒的面积定律。接着牛顿证明，如果作纯惯性运动的物体在规则的时间段内获得

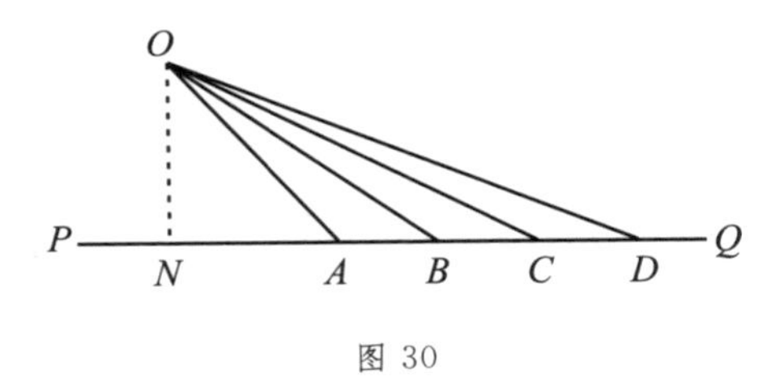

图 30

瞬间的推力(只在一瞬间起作用的力),且所有这些推力都指向同一点 S,则该物体将在推力之间的等时间段内移动,因此从物体到 S 的连线将扫过相等的面积。此情形如图 31 所示。当物体到达点 B 时,获得一个朝向 S 的推力。新的运动是原先沿着 AB 的运动与朝向 S 的运动的组合,从而产生一个朝向 C 的匀速直线运动,以此类推:所以三角形 SAB,SBC 与 SCD……的面积都相等。根据牛顿的叙述,接下来的一步是这样的:

> ……现在,令这些三角形的数目增多,它们的底宽无限减小;(由引理 3 推论 4)它们的边界 ADF 将成为一条曲线:所以向心力连续使物体偏离该曲线的切线;而且任意扫出的面积 $SADS$、$SAFS$ 原先是正比于扫出它们所用时间的,在此情形下仍正比于所用时间。证毕。

162

就这样,牛顿证明了:

命题 1. 定理 1

作环绕运动的物体,其指向力的不动中心的半径所扫过

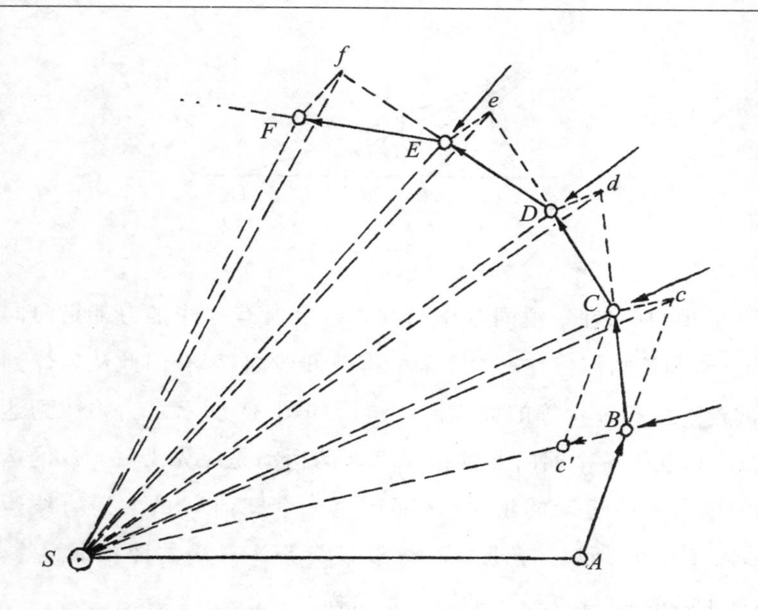

图 31　如果物体在 B 没有受到推力，则在时间 T 内，它将沿着 AB 的延长线移动到 c。然而，B 点的推力使物体获得了朝向 S 的运动分量。如果在时间 T 内物体的运动只来自这一推力，则物体将从 B 运动到 c'。这两种运动的组合将使物体在时间 T 内从 B 运动至 C。牛顿证明了三角形 SBC 的面积等于三角形 SBc 的面积。因此，即使有朝向 S 的推力，等面积定律也依然成立。

的面积位于同一不动的平面上，而且正比于描出该面积所用的时间。

163　在《自然哲学的数学原理》第一卷的第一条定理中，牛顿用简洁的语言证明了：如果物体被持续不断地拉向某个力的中心，则它原有的惯性运动将变成曲线运动，且物体与力的中心的连线将在相等时间内扫过相等的面积。在命题 2(定理 2)中他证明，如果物体沿曲线运动，且物体与任一点的连线所扫过的面积都与时间成正比，那么必定有一种“中心的”（向心的）力持续不断地使物体趋向该点。开普勒椭圆轨道定律的意义直到命题 11——“求指向椭圆焦点的向心力的规律”——才出现。这个力“与距离的平方成反比”。牛顿又证明，如果物体沿着双曲线或抛物线运动，且受到一个指向焦点的向心力的作用，则这个力仍然与距离的平方成反比。接着（命题 13 之后的推论 1），牛顿又讨论了相反的情形，即如果物体在一个与距离平方成反比的向心力的作用下运动，则物体的运动轨迹必然是一种圆锥曲线——椭圆、抛物线或双曲线。（参见附录 13。）

我们注意到，牛顿讨论开普勒定律的次序与开普勒本人完全相同：首先将等面积定律当作一般定理，然后才说行星轨道的形状是椭圆。这种看似古怪的处理方法代表着一种基本的逻辑次序，它与经验或观察的次序相反。

在牛顿推理向心力对作纯惯性运动的物体的作用时，数学分析第一次揭示了开普勒等面积定律的真正含义！牛顿的推理表明，这一定律蕴含着每颗行星的运动都有一个向心力。由于行星运动的等面积是相对于太阳计算的，所以在牛顿的处理中，开普勒等面积定律就成了用几何证明由太阳发射的向心力吸引着所有行星的基础。

关于哈雷所提出的问题，我们已经讲得够多了。即使牛顿就 164 此不再工作，我们也会无限钦佩他的成就。但牛顿又继续前进了，所得出的结果甚至更为杰出。

神来之笔:万有引力

在《自然哲学的数学原理》第三卷中,牛顿表明,由于木星的卫星围绕其行星沿轨道运转,所以从木星到任何一颗卫星的连线“所描出的面积与时间成正比”,而且其周期的平方与它到木星中心平均距离的立方之比为常数,尽管对于行星的运动来说这个常数的值是不同的。因此,如果 T_1, T_2, T_3 和 T_4 分别是四颗卫星的周期,a_1, a_2, a_3, a_4 分别是它们与木星之间的平均距离,则

$$\frac{(a_1)^3}{(T_1)^2}=\frac{(a_2)^3}{(T_2)^2}=\frac{(a_3)^3}{(T_3)^2}=\frac{(a_4)^3}{(T_4)^2}$$

开普勒的这些定律不仅适用于木星系统,并且也适用于牛顿已经知道的土星的五颗卫星——开普勒本人完全不了解这一点。开普勒第三定律无法适用于地球的卫星,因为月球只有一个,不过牛顿说,月球的运动符合等面积定律。因此我们可以看到,有一种与距离平方成反比的向心力,使每颗行星都绕着太阳运转,也使每颗卫星都绕着行星运转。

现在,牛顿开始了神来之笔。他表明,有一种普遍的力(1)使行星保持在绕太阳运转的轨道上,(2)使卫星保持在轨道上,(3)使物体像观察到的那样下落,(4)使物体保持在地球上,(5)造成潮汐。这种力被称为万有引力,其基本定律可以写成:

$$F=G\frac{mm'}{D^2}$$

165 这条定律说,任何两个质量为 m 和 m'、距离为 D 的物体,不论位

于宇宙中的任何地方，它们之间都有一种相互的吸引力。每个物体都以同样大小的力吸引对方，它与两个质量的乘积成正比，而与它们之间距离的平方成反比。G 是比例常数，在任何情况下都有相等的值——不论是石块与地球之间，地球与月球之间，太阳与木星之间，恒星与恒星之间，还是沙滩上的两块鹅卵石之间的吸引力。这个常数 G 被称为万有引力常数，类似于其他“普适”常数，例如光速 c（在相对论中起重要作用），或普朗克常数 h（量子理论中的基本常数）。

至于牛顿是如何发现此定律的，这里很难详细讨论，不过我们可以对这一发现的某些基本方面进行重构。

由后来的一篇备忘录（大约 1714 年）我们得知，牛顿年轻时就“已经开始思考延伸至月球的引力。在发现了如何估算在一个球内转动的球体挤压球面的力之后，根据开普勒关于行星周期与到轨道中心的距离成 3/2 次幂比例的规则，我推出使行星保持在轨道上的力必定与它们距旋转中心的距离的平方成反比：由此通过把月球保持在轨道上所需的力与地球表面的重力进行了比较，我发现两者相当接近。”

以此叙述为指导，我们首先假定有一个质量为 m、速度为 v 的球体沿着半径为 r 的圆周轨道运转。如同牛顿和荷兰物理学家惠更斯（1629—1695）所发现的（牛顿后悔自己没有先行发表，参见附录 14），必定有一个大小为 v^2/r 的向心加速度。之所以有加速度，是因为该球体既非静止，也没有作匀速直线运动。根据第一和第二定律，必定有力存在，从而有加速度。在此我们不去证明加速度的大小为 v^2/r，不过读者们如果将球体挂在绳索末端，使其沿着圆

166

周旋转，就会发现有一种力量持续不断地将球体拉向中心，根据第二定律，加速度必然与引起加速的力的方向相同。因此，如果行星的质量为 m，速度为 v，沿着半径为 r 的圆周运动，则其向心力 F 的大小应为：

$$F=mA=m\frac{v^2}{r}$$

如果 T 为行星运行的周期，那么在时间 T 内，行星绕半径为 r 的圆周运行一圈，走过周长 $2\pi r$。因此速度 v 等于 $2\pi r/T$，

$$F=mA=mv^2\times\frac{1}{r}=m\left[\frac{2\pi r}{T}\right]^2\times\frac{1}{r}$$

$$=m\times\frac{4\pi^2 r^2}{T^2}\times\frac{1}{r}$$

$$=m\times\frac{4\pi^2 r^2}{T^2}\times\frac{1}{r}\times\frac{r}{r}$$

$$=\frac{4\pi^2 m\times r^3}{T^2\times r^2}=\frac{4\pi^2 m}{r^2}\times\frac{r^3}{T^2}$$

由于对太阳系内的任何行星来说，r^3/T^2 都有相同的值 K（根据开普勒第三定律），

$$F=\frac{4\pi^2 m}{r^2}\times K=4\pi^2 K\frac{m}{r^2}$$

圆周轨道的半径 r 实际上对应着行星与太阳的平均距离 D。因此，对于任何行星，使其保持在轨道上的力的定律必然是

167

$$F=4\pi^2 K\frac{m}{D^2}$$

其中 m 是行星的质量，D 是行星与太阳的平均距离，K 是太阳系的“开普勒常数”（等于行星与太阳平均距离的立方除以周期的平方），

F 是太阳对行星的吸引力，这个力拉着行星不断从纯惯性的轨道变成椭圆。到目前为止，如果一个才智出众的人懂得牛顿运动定律和圆周运动原理，那么他只需以数学和逻辑作引导就可以了。

现在我们把方程重新写作

$$F=\left[\frac{4\pi^2 K}{M_s}\right]\frac{M_s m}{D^2}$$

其中 M_s 是太阳的质量，量

$$\frac{4\pi^2 K}{M_s}=G$$

是一个普适常数，定律

$$F=G\frac{M_s m}{D^2}$$

并非仅限于太阳与行星之间的力，而是适用于宇宙中任何一对物体，只要把 M_s 和 m 变成这两个物体的质量 m 和 m'，D 变成它们之间的距离：

$$F=G\frac{mm'}{D^2}$$

没有任何数学——无论是代数、几何还是微积分——能够对这一大胆步骤加以证明。我们只能说，这是天才人物所取得的一项胜利，它足以令普通人相形见绌。想一想这条定律蕴含着什么吧。例如，你拿在手上的这本书以一定的力量吸引着太阳；同样的力也使月球沿轨道运转，苹果从树上掉落。牛顿在晚年时曾经说过，正是这种比较赋予了他的伟大发现以灵感。（参见附录 14。）

168

如果没有地球的吸引，则月球（见图 32）将作纯惯性的运动，在短时间 t 内将沿直线（切线）从 A 匀速运动到 B。但牛顿说，之

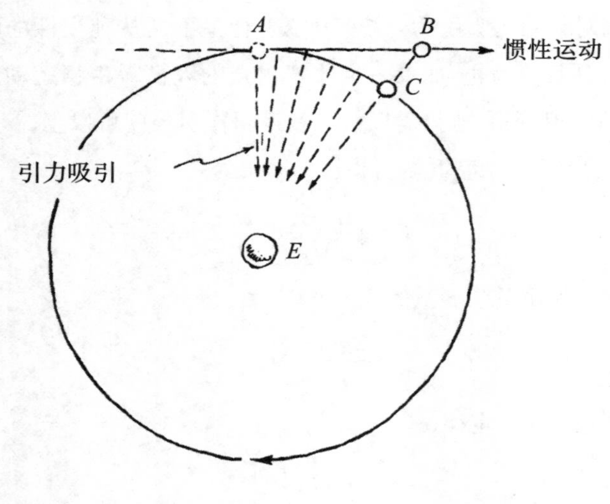

图 32

所以月球事实上并未如此，是因为虽然它的惯性运动会把它从 A 带到 B，但地球的引力吸引却会使之从 AB 朝地球落到 C。于是，月球之所以会偏离纯惯性的直线路径，是因为连续向地球“掉落”，就像苹果下落一样。这是真的吗？牛顿将这一命题付诸检验：

为什么质量为 m 的苹果会落到地球上？我们现在也许会说，这是因为在苹果与质量为 M_e 的地球之间存在着一种万有引力。但地球与苹果之间的距离是多少呢？是苹果距离地面的几英尺吗？这个问题的答案远非显而易见。牛顿最终证明，一个小物体与一个大体同质的球形物体之间的吸引就相当于大物体的质量完全集中在其几何中心所产生的引力一样。这条定理意味着，在考虑地球与苹果的相互吸引时，万有引力定律中的距离 D 可以当成地球的半径 R_e。因此该定律说，地球与苹果的相互吸引为：

169

$$F=G\frac{mM_e}{R_e^2}$$

其中 m 是苹果的质量，M_e 是地球的质量，R_e 是地球的半径。但这是对苹果的重量 W 的表示，因为任何地上物体的重量就是地球对它的吸引力的大小。于是有，

$$W=G\frac{mM_e}{R_e^2}$$

还有另一种方式可以写出苹果或任何质量为 m 的地上物体的重量所满足的方程。牛顿第二定律说，任何物体的质量 m 是作用于该物体的力与这个力所引起的加速度之比，

$$m=\frac{F}{A}$$

或

$$F=mA$$

请注意，当苹果从树上落下时，把它往下拉的力是它的重量 W，于是

$$W=mA$$

既然我们现在对于同样的力或重量 W 有两种不同的数学表述，它们必定彼此等价，即

170

$$mA=G\frac{mM_e}{R_e^2}$$

两边都除以 m，得

$$A=G\frac{M_e}{R_e^2}$$

因此，通过牛顿定律，我们立刻解释了为什么在地球上任一点，当

所有物体(无论其质量 m 或重量 W 是多少)自由下落时(就像在真空中那样),都会有同样的加速度 A。最后一个方程表明,自由落体的这一加速度由质量 M_e 和地球半径 R_e 以及一个普适常数 G 确定,它们都不以任何方式依赖于落体特定的质量 m 或重量 W。

现在我们把最后一个方程稍微改写成

$$A=G\frac{M_e}{D_e^2}$$

其中 D_e 代表到地球中心的距离。在地球表面或地球附近,D_e 就是地球的半径 R_e。现在考虑距地心 60 个地球半径的距离 D_e 处的物体。它会以什么加速度 A'落向地心呢?加速度 A'将为

$$A'=G\frac{M_e}{(60R_e)^2}=G\frac{M_e}{3600R_e^2}=\frac{1}{3600}G\frac{M_e}{R_e^2}$$

我们已经看到,地球表面的苹果或其他物体将有一个向下的加速度 $G\frac{M_e}{R_e^2}$,现在我们已经证明,一个距地心 60 个地球半径的物体的加速度只是这个值的 1/3600。平均说来,地球表面的物体在一秒钟内将会下落 16.08 英尺的距离,于是距地心 60 个地球半径的物体将下落

171

$$\frac{1}{3600}\times 16.08\text{ 英尺}=\frac{1}{3600}\times 16.08\times 12\text{ 英寸}=0.0536\text{ 英寸}$$

恰好有太空中的一个物体距离 60 个地球半径远,那就是我们的月球,因此牛顿有一个物体可以检验他的万有引力理论。如果使苹果和月球下落的是同样的引力,那么在一秒钟之内,月球将从初始路径下落 0.0536 英寸才能保持在轨道上。我们粗略假设月球轨道是正圆,月球不受太阳引力的影响,那么它在一秒钟之内将

下落 0.0539 英寸——误差仅为 0.0003 英寸！两个值相差大约 3/500，即 6/1000 或 0.6%，可见观察与理论有多么符合。理解这一计算的另一种方式如下：

1）对于地球上的物体（苹果），自由落体的加速度（g）为

$$g=G\frac{M_e}{R_e^2}$$

2）对于月球来说，开普勒第三定律的形式为

$$k=\frac{R_m^3}{T_m^2}$$

其中 R_m 和 T_m 分别为月球轨道半径和月球运行周期。如果引力是普适的，则前面导出的行星绕太阳运转的关系

$$G=\frac{4\pi^2 K}{M_s}$$

可以重新就月球绕地球运转写出，即

$$G=\frac{4\pi^2 k}{M_e}$$

因此，我们可以根据方程（1）计算出 g 来：　172

$$g=\left[\frac{4\pi^2 k}{M_e}\right]\frac{M_e}{R_e^2}=4\pi^2 k\left[\frac{1}{R_e^2}\right]$$

$$=4\pi^2\left[\frac{R_m^3}{T_m^2}\right]\left[\frac{1}{R_e^2}\right]=4\pi^2\left[\frac{R_m^3}{T_m^2}\right]\left[\frac{1}{R_e^2}\right]\left[\frac{R_e}{R_e}\right]$$

$$=4\pi^2\left[\frac{R_m}{R_e}\right]^3\left[\frac{R_e}{T_m^2}\right]$$

由于

$$\frac{R_m}{R_e}=60\text{，且 }R_e=4000\times5280\text{ 英尺}$$

$$T_m = 28d = 28 \times 24 \times 3600 \text{ 秒}$$

我们可以算出

$$g \approx 32 \text{ 英尺/秒}^2$$

或

$$g \approx 1000 \text{ 厘米/秒}^2$$

在我已经引述过的那篇自传备忘录中，牛顿说，他“比较了使月球保持在轨道上所需的力与地球表面的重力”。

在《自然哲学的数学原理》第三卷中，牛顿表明，为了保持在轨道上，月球在每分钟之内必须由直线的惯性路径下降 $15\frac{1}{12}$巴黎尺（一种古老的量度单位）。他说，设想月球“丧失其全部运动，受使 173 其停留在轨道上的力……的作用而落向地球”，那么在一分钟之内所下落的距离将等于这种下落与正常的惯性运动一起发生时所下落的距离。我们再假设这种趋向地球的运动是由于引力，而引力与距离的平方成反比，那么地球表面上的引力将是月球轨道上的 60×60 倍。根据牛顿第二定律，既然加速度正比于引起加速的力，那么若将物体从月球轨道带到地球表面，其加速度就会增大到 60×60 倍。因此牛顿认为，如果重力与距离平方成反比，那么在地球表面从静止开始的物体第 1 分钟应下落大约 $60 \times 60 \times 15\frac{1}{12}$巴黎尺，或者第 1 秒钟下落 $15\frac{1}{12}$巴黎尺。

牛顿由惠更斯的摆的实验获得了这样一个结果，即在地球上（在巴黎的纬度上），物体恰好差不多下落那么远。于是他证明，使月球保持在轨道上的的确是地球的引力。在计算过程中，牛顿根据对月球运动的观测和引力理论预言，地球上的物体每秒钟将下落 15 巴黎尺 1 英寸 $1\frac{4}{9}$分（1 分＝1/12 英寸）。惠更斯关于巴黎自由落体的结果是15巴黎尺1英寸1⅞分。两者相差³⁄₉或⅓分，即$\frac{1}{36}$英寸，这实在是一个非常小的数。到了牛顿写《自然哲学的数学原理》时，较之20年前所作的粗略检验，他已经发现理论与观察之间符合得好得多。

牛顿说，在这一检验中，观察与预言"相当接近"。这样说与两个因素有关：首先，他所选用的地球半径的值不够好，因此得到的数值结果也不好，只是粗略符合或"相当接近"。其次，由于他无法恰当证明，同质球体所产生的吸引力就好像它的质量完全集中在中心时所产生的吸引力，因此这里的证明至多只是粗略的近似。

然而，这种检验使牛顿相信他的万有引力概念是有效的。如果思考一下常数G的本质，就会明白它是多么非同寻常。在前面我们看到了$G=\frac{4\pi^2 K}{M_s}$，我们也可以问，K（任何行星到太阳距离的 174 立方除以该行星绕太阳运行周期的平方）或M_s（太阳的质量）与地球吸引石块或月球之间有什么关系。如果由于地球恰好处于太阳系，我们对G能够适用于石块和月球不那么惊奇，那么请考虑一下距离太阳系数百万光年的双星系统。这样两颗星可以形成蚀双星，其中一颗环绕着另一颗，就像月球环绕着地球一样。太阳不可能对其产生任何影响，但即使在那里，同样的常数$G=\frac{4\pi^2 K}{M_s}$也适用于两颗星彼此之间的相互吸引。尽管牛顿基于我们太阳系的组分而发现了这一常数，但它却是普适的。显然，开普勒常数除以中心物体的质量消除了那个特定体系的任何特殊方面——无论是行星绕太阳旋转，还是卫星绕木星或土星旋转。（参见附录15。）

各方面的成就

牛顿的动力学或引力理论还有一些别的成就可以使我们理解其非凡的各个方面。假定地球并非完美的球体，而是一个扁圆，即两极扁平而赤道隆起。现在我们分别在地极、赤道、和中间地带的 a 和 b 两点上研究自由落体的加速度。显然，地球“半径”R 或与地心的距离将随着从地极到赤道而逐渐增加，因此

$$R_p < R_b < R_a < R_e$$

结果，在这些不同位置的自由落体的加速度 A 有不同的值：

175

$$A_p = G\frac{M_e}{R_p^2}; A_b = G\frac{M_e}{R_b^2}; A_a = G\frac{M_e}{R_a^2}; A_e = G\frac{M_e}{R_e^2}$$

于是

$$A_p > A_b > A_a > A_e$$

根据实际实验所获得的以下数据，说明了加速度随着纬度的不同而变化：

纬度	自由落体加速度	
0°(赤道)	978.039 厘米/秒^2	32.0878 英尺/秒^2
20°	978.641 厘米/秒^2	32.1076 英尺/秒^2
40°	980.171 厘米/秒^2	32.1578 英尺/秒^2
60°	981.918 厘米/秒^2	32.2151 英尺/秒^2
90°	983.217 厘米/秒^2	32.2577 英尺/秒^2

在牛顿时代，自由落体的加速度是通过秒摆(周期为两秒)的

长度来确定的。通过短弧的单摆的周期所满足的方程为

$$T=2\pi\sqrt{\frac{l}{g}}$$

其中 l 为摆的长度（支点到摆锤中心的距离），g 为自由落体加速度。哈雷发现，当他从伦敦到了圣赫勒拿岛（St. Helena）时，必须缩短摆长才能使之继续准确计时。牛顿力学不仅解释了这种变化，并且预言了地球是扁球形，两极扁平而赤道隆起。

自由落体加速度 g 的变化蕴含着物体重量随纬度的不同而改变。要想完整地分析这一重量变化，还需要考虑另一种因素，那就 176 是物体随地球旋转而产生的力。这种因素是 v^2/r，其中 v 是沿着圆周的线速度，r 是圆的半径。随着纬度的不同，v 和 r 的值也会不同。此外，要把旋转效应与重量联系起来，还必须沿着地心与物体所在位置的连线取一个分量，因为旋转效应发生在圆周运动的平面上，或者沿着纬度的平行线。根据牛顿物理学，正是由于这种旋转力，地球才获得了它的形状。

赤道隆起所造成的第二种影响是岁差。事实上，地球的极半径与赤道半径之间的差异似乎并不很大：

赤道半径＝6378.388 公里＝3963.44 英里

极半径＝6356.909 公里＝3949.99 英里

但是如果我们用一个 18 英寸的球体来代表地球，则最大直径与最小直径之差大约为 1/16 英寸。牛顿表明，岁差之所以会发生，是由于地球自转时所绕的轴与轨道平面（黄道面）有倾角。除了使地球保持在轨道上的引力，太阳还对赤道隆起部分有一种拉力，使转轴趋直。太阳的这种力倾向于使地轴垂直于黄道面（图 33 A），或

者说使地球的隆起部分与轨道平面相重合(与黄道面大约成5度倾角)。在这方面,月球的力要比太阳更大一些。如果地球是一个完美的球体,则太阳或月球对地球的拉力将是对称的,对于转轴不会有"拉直"的趋势;太阳和月球的引力作用线将通过地心。然而如果地球像牛顿所假定的那样是扁球体,两极扁平,那么就会有一177 个净力倾向于使地轴移动。因此会有可预言的效应。

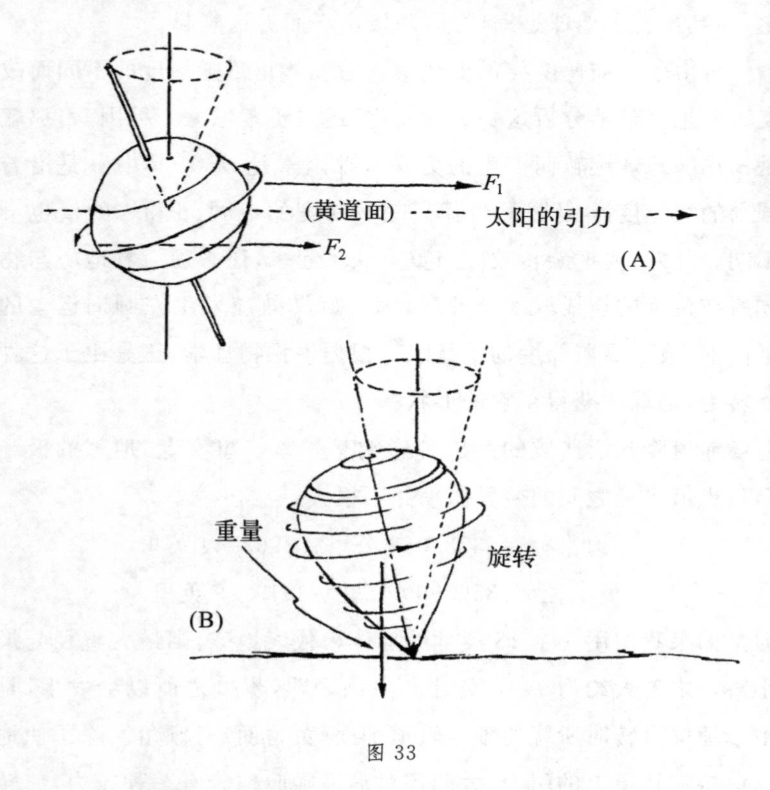

图 33

牛顿物理学的一个结果是,如果用力改变一个旋转体的轴的指向，则产生的结果是，轴本身会作圆锥运动，而不会改变它的指向。这种效应可见于旋转陀螺，其转轴通常并非绝对竖直。于是，陀螺的重量会使轴绕着旋转点转动，以使轴水平。陀螺的重量倾向于使之围绕垂直于陀螺旋转轴的轴旋转，结果就产生了轴的圆锥运动，如图 33B 所示。虽然早在公元前 2 世纪，希腊天文学家希帕克斯(Hipparchus)就已经发现了岁差现象，但在牛顿以前，人们对岁差的成因一无所知。牛顿的解释不仅解决了古代的奥秘，而且还告诉人们如何将理论用于天文观测，从而预言地球的精确形状。法国数学家莫泊丢(Pierre L. M. de Maupertuis)曾经沿着拉普兰(Lapland)的一条子午线测量了一弧度的长，又沿着赤道附近的一条子午线测量了一弧度的长，两项结果的比较证实了牛顿的预言。新科学因此大获成功。

178

牛顿理论的另一项贡献是解释了潮汐的形成，潮汐是由于太阳和月球对海水产生引力作用而产生的。于是，我们不难理解蒲柏(Alexander Pope)的著名诗句所表达的由衷赞叹：

自然和自然律隐没在黑暗中。
神说，让牛顿去吧！万物遂成光明。

牛顿力学能够解释行星、月球、下落的石头、潮汐、火车、汽车的运动以及其他各种加速运动(不论是增速还是减速，开始运动还是停止运动)，这样我们已经解决了原有的问题。但还有几个问题需要再说几句。的确，正如伽利略所观察到的那样，地球(可以认为地球正沿着巨大的椭圆轨道旋转，它与太阳的平均距离大约为

9300 万英里）上的一般物体很像是位于某个沿直线运动的物体上，就所有的动力学问题而言，匀速直线运动和静止是无关紧要的。在旋转的地球上，在任何时间段所走过的弧线，比如子弹的飞行，是一个比周年轨道更小的“圆”的一部分，这里可以引入另一条牛顿式的原理，那就是角动量守恒原理。

一个在圆上旋转的小物体（比如位于旋转地球上的塔顶的石179 块）的角动量可以表示为 mvr，其中 r 为旋转半径，m 为质量，v 为圆周运动的速度。此原理说，在大量情况下（特别是在没有特殊外力作用的情况下），角动量保持不变。

例如，一个人站在旋转的平台上，两臂向左右伸直，双手各持一个 10 磅重的物体。当转台正在缓慢旋转时，他将双手沿水平面置于胸前，如图 34 所示，则他的转速将会加快。然后再把两臂平伸出去，则转速又会减慢。对于那些从未见过这种演示（这是溜冰的标准姿态）的人来说，他第一次遇到这种情形时可能会感到惊讶。现在我们看看为什会有这些变化发生。他手里握着的质量为 m 的物体的旋转速度 v 为：

$$v=\frac{2\pi r}{t}$$

其中 t 为旋转一圈所需的时间，在此期间，每一个质量 m 都会走过半径为 r 的圆的圆周。起初，角动量为

$$mvr=m\times\frac{2\pi r}{t}\times r=\frac{2\pi mr^2}{t}$$

180 但随着这个人将手臂移至胸前，r 变得相当小。如果像守恒律所要求的那样，$\frac{2\pi mr^2}{t}$ 保持不变，则 t 也必须变小，这意味着旋转一周

的时间随着 r 的减小而减小。

这与石头从塔顶掉落有什么关系呢？在塔顶时，石头的旋转半径为 $R+r$，其中 R 为地球半径，r 为塔的高度。当石块触到地面时，其旋转半径便为 R。因此，就像被旋转物体向内拉动的物体一样，石块在塔底时的旋转圆周必然要比在塔顶时小，因此会旋转更快。根据我们的理论，石块从塔顶落至地面的位置非但不会落后于塔，反而会略为超前。这种效应有多大呢？由于这个问题依赖于旋转一周所用的时间 t，所以我们研究角速度要比研究线速度（就像我们在第一章中所做的那样）更能理解这个问题。请观察钟表的指针，特别注意时针。5 分钟（差不多是一个球体从远高于帝国大厦的位置落下来的时间）之内它走多少？几乎看不出来。现在地球旋转一周是时针走一圈（12 个小时）所需时间的两倍。既然在 5 分钟之内时针的角运动肉眼都很难分辨，那么慢两倍的运动就更不会产生什么结果了。除了长程火炮发射的问题，对信风运动的分析以及比石块下落范围大得多的其他现象，我们都可以忽略地球的旋转。

这便是伟大的牛顿革命，它使整个科学结构为之改观，并且改变了西方文明的进程。那么近三百年来它的发展如何？牛顿力学是否仍然正确？

我们经常会碰到一些误导的说法，说相对论已经表明经典力学是错误的。再没有什么比这更脱离事实了！事实上，只有当物体运动速度 v 很大，以至于 v 与光速 c（186000 英里每秒）之比无法忽略时，才可以用相对论加以修正。当速度达到在直线加速器、回旋加速器以及其他研究原子或亚原子粒子的设备中所获得的速度时，物体的质量 m 不再保持不变，而是由下列方程给出：

181

$$m=\frac{m_0}{\sqrt{1-v^2/c^2}}$$

其中 m 是正相对于观测者以速度 v 移动的物体的质量，m 是该物体相对于观测者静止时的质量。由这种修正可以导出爱因斯坦著名的质能方程：$E=mc^2$，以及对牛顿“绝对”空间和“绝对”时间有效性的否认。那么，我们是否会同意斯奎尔（J. C. Squire）为前面蒲柏诗句的补充呢？

没过多久，
魔鬼吼道，“哦，让爱因斯坦去吧！”
黑暗遂重新降临。

但是对于牛顿所讨论的所有问题（在今天体现为恒星、行星、卫星、飞机、飞船、人造卫星、汽车、棒球、火箭以及其他任何大物体的运动),所能获得的速度与光速相比差不多都等于零,所以我们仍然可以运用牛顿力学而不加修正。(然而,牛顿物理学有一个非常明显的失败的例子,即对水星近日点进动的预言有微小的误差——每世纪 40″! ——这里便需要援引相对论。)因此,除了讨论原子和亚原子的那部分内容之外,工程和物理学仍然用牛顿物理学来解释世界上发生的现象。

虽然在日常现象的广大范围之内,牛顿力学仍然适用,但读者们不可误认为其最初的体系框架也是同样有效的。牛顿相信,在某种意义上,空间和时间都是"绝对的"物理实在。只要对他的著作进行深入分析,就会明白他的发现在很大程度上依赖于这些"绝对的东西"。的确,牛顿知道钟表所计量的并非绝对时间,而是局域时间,我们在实验中所涉及的也不是绝对空间,而是局域空间。实际上,他不仅提出了万有引力定律和一套用于计算力学问题的规则,而且还基于一种包含了空间、时间、秩序的世界观构建了一整套体系。今天,根据迈克尔孙一莫雷(Michelson-Morley)实验和相对论,人们已经不再认为这种世界观是物理科学的有效基础了。牛顿定律虽然非常重要,但仅仅被看成一个更为一般的系统的一种特殊情形。 182

某些科学家认为,对牛顿物理学最伟大的验证之一是关于卫星运动的预言;这使得我们能够把一系列太空飞行器发射到预定轨道中,并预言它们在太空会发生什么情况。也许是这样。但在历史学家看来,牛顿最伟大的科学成就必定是第一次用力学原理——一套公理和适用于天地万物的万有引力定律——完整地解释了宇宙。牛顿认识到，宇宙中有一个例子是持续不断的纯惯性运动，没有摩擦或其他干扰使之停滞下来，那就是卫星和行星的轨道运动。但这并非沿直线的匀速运动，而是沿着一条不断变化的直线，因为行星运动是惯性运动和对它的连续偏离的合成。要想看出卫星和行星是纯惯性运动的例证，的确需要同样非凡的天才，就像认识到行星定律可以推广为适用于万物的万有引力定律，月球的运动参与了苹果下落的运动一样。

183 牛顿的力学体系象征着世界的理性秩序，以“自然法则”的名义运作。牛顿科学不仅解释了现在和过去的现象，它的原理还可应用于对未来事件的预言。在《自然哲学的数学原理》中，牛顿证明彗星像行星一样，必定沿着巨大的圆锥曲线轨道运转。一些彗星的轨道是椭圆，它们必定周期性地从外太空回到我们太阳系的可见区域，而另一些则会造访我们的太阳系而不再回来。哈雷用这些结果来分析过去的彗星记录，发现了一颗周期大约为 75.5 年的彗星。他作了一个大胆的牛顿预言，说这颗彗星将在 1758 年重新出现。当它的确定期重现时，虽然那时哈雷和牛顿已经离开人世多时，人们还是体验到一种对数学所激起的人类理性力量的敬畏感。这种对科学的新的崇敬被形容为“惊人的”、“非凡的”、“异乎寻常的”，对未来事件的成功预言则象征着这门新科学的力量：对自然完美的数学理解，在对未来做出可靠预言的能力中得到实现。难怪人们会升起一种希望，认为人的知识和对人类事务的规范将服从一种类似的理性演绎系统和数学推理，外加实验和批判性的观察。18 世纪不仅是启蒙时代，而且成了“信仰科学的时代”。牛顿成了成功科学的象征，那是一切思想的理想，不论在哲学和心理学中，还是在政治学和社会科学中。

牛顿的天才使我们看到了伽利略的力学和开普勒的行星运动定律所具有的极为重要的意义，这表现在哥白尼-开普勒宇宙所要求的惯性定律的发展中。法国伟大的数学家拉格朗日(Joseph Louis Lagrange,1736—1813)最好地定义了牛顿的成就。他说，宇宙只有一条定律，牛顿发现了它。牛顿并非独立发展了近代动力学，而是非常依赖于他的前辈；然而，这并不有损牛顿成就的伟大，而只是强调了伽利略、开普勒、笛卡尔、胡克和惠更斯等人的重要性，他们十分伟大，对牛顿事业做出了重要贡献。毕竟，从牛顿的 184 工作中，我们可以看到科学在多大程度上是一种集体的积累性的活动。同时我们也可以发现，个人天才对一种合作性科学事业的未来会产生多大的影响。通过牛顿的成就，我们可以看到科学的发展在何种程度上是通过英雄式地运用想象，而不是通过耐心地搜集整理大量个别事实。在研究了牛顿对思想的巨大贡献之后，谁还会否认纯科学例证了人类精神在其顶点上的创造性成就呢？

关于牛顿第二定律两种形式的补充注释

牛顿的《自然哲学的数学原理》包含了两种形式的第二定律。自牛顿时代以来，我们通常只考虑一个连续作用力 F 作用于质量为 m 的物体产生加速度 A 的情形，即 $F=mA$。但牛顿却赋予另一种情形以首要性，那就是瞬时的力(冲击或撞击)，比如网球拍击打网球，或者撞球彼此相碰。在这些情况下，力并没有产生连续的加速度，而是引起了物体运动的量(或动量)的瞬时变化。这种“运动变化”据说正比于牛顿在第二定律中所说的“受到的推动力”。牛顿认为 $F=mA$ 是碰撞定律的极限情形，即相继撞击的时间段无限减小，使力最终获得了连续起作用的极限条件。于是，牛顿认为 $F=mA$ 这一定律是由碰撞定律导出的。

附录1　伽利略与望远镜[①]

伽利略当然没有发明望远镜，也从未这样声称。他也不是第一个将望远镜指向天空的人。1608年10月，大约在伽利略制造出他的第一架望远镜的前一年，有一份简报刊登了这样一则消息，说小望远镜（spyglass）不仅可以使远距离的地球物体看起来更近，甚至可以使我们看到“通常肉眼看不到的星体”。有充分的证据表明，哈里奥特在伽利略开始做出望远镜发现之前一直在观察月球；马留斯的说法（比如他曾经发现了木星的木星）并没有充分的根据。

伽利略的报告取自他的《星际讯息》（1610年）。关于他与望

---

① 本附录基于Albert Van Helden在1983年4月于比萨、帕多瓦、威尼斯和佛罗伦萨举行的一次伽利略国际会议上关于这一主题的一则报道，发表于Paolo Galluzzi所编辑的那次会议的论文集 *Novità celesti e crisi del sapere*（Suppl. to *Annali dell'lstituto e Museo di Storia della Scienza*, Florence, 1983）。亦参见本书后面进一步阅读书目中Van Helden的专著。

在《星际讯息》中，伽利略说，当他把折射理论知识用于制造一架小望远镜时，他只是听说过这种新的仪器，并没有实际见到。但在他那个时代，这些新的仪器在意大利并非罕见，有一架望远镜已经在帕多瓦出现而且被讨论。也许当望远镜在帕多瓦展示时，伽利略还在威尼斯。在1623年的《试金者》中，他重述了自己在创造天文望远镜过程中所起的作用，还详细讨论了引导他重新发明这种仪器的各个阶段。不过这里我们更关心伽利略对望远镜的使用，而不是对它的发明。

186 远镜的初次邂逅，他还有其他版本，这些说法在细节上不尽相同，比如他对仪器构造方面的了解（即一个凹透镜和一个凸透镜的组合）。最重要的不是伽利略知道（或不知道）制造这样一架望远镜所需的透镜种类，而是他很快就使望远镜在放大能力和质量上远远超过其他，并且使之足以用于天文发现。在这个意义上，伽利略将粗陋的小望远镜改造成一种精密的天文望远镜。

那些制造或出售小望远镜的伽利略同时代人使用的是镜片制造商的普通透镜，它们的放大率很低（大约三四倍）。甚至在伽利略之前很久就拥有小望远镜的哈里奥特，到了 1609 年 8 月也只能达到六倍的放大率，这时伽利略（刚刚在七八月份听说这种仪器）已经制造出了一架八倍甚或九倍的望远镜。到了那年年底，他已经能够达到 20 倍，并且用一个光圈环来改善所成的像。

伽利略所磨制的镜片不仅放大率高于镜片制造商的透镜，而且质量很高，他的仪器还备有新式的光圈环。研究这方面的权威学者范·海尔登（Albert Van Helden）总结说："即使哈里奥特[用新的仪器]在月球发现方面先于伽利略，或许也是伽利略第一次领会了月球特征的含义，月球那如地球般的本质。"到了 1610 年 3 月，伽利略发现了此前从未见过的星体，行星（透过望远镜显示为一个圆盘）与恒星（像是闪烁的光点）外观的差异，构成银河的恒星以及木星的卫星。这些发现于 1610 年春发表于《星际讯息》。到了 7 月，他已经发现了土星上的隆起，那年晚些时候还发现了金星位相和相关的尺寸变化。

事实上，伽利略几乎发现了用这种望远镜所能发现的一切——他之所以能够最先做到这些，部分是因为他远远先于别人拥有了一种合适的仪器。但是到了 1611 年，其他人也有了望远镜，能够分辨天体现象，即使（正如范·海尔登所指出的）他们的望远镜也许不如伽利略的好。因此，1611 年太阳黑子的发现存在优先权之争。范·海尔登评论说，这是“望远镜天文学最初阶段的最后一项大发现”。进一步的重大发现将要求更高的放大率，这超出了最初阶段透镜的能力。

187

到了 17 世纪 30 年代，伽利略仍然在制造望远镜。但在接下来的几十年中，新的仪器开始出现，它们不再由凹透镜的目镜和凸透镜的物镜所组成。17 世纪 30 年代，其他天文学家绘制了月球地图，研究了太阳黑子，1631 年观察到了水星凌日，1639 观察到了金星凌日，发现了木星表面的暗斑。伽利略并没有参与这些进一步的发展。

使用新的望远镜所做出的“第二波发现”可以定为 1655 年初，那年惠更斯发现了木星的卫星“提坦”（Titan）。惠更斯后来解决了伽利略关于土星隆起的令人困惑的发现。他发现它们是环绕土星的平面环。

伽利略对望远镜的主要贡献可以总结如下：他将“薄弱的小望远镜变成了一种强大的研究仪器”。他第一次“磨制了长焦物镜”（质量很好），第一次为他的仪器配备了光圈环。简而言之，他第一次获得了“能够用于天文学的质量令人满意的放大率”。范·海尔登总结说，“除了太阳黑子是由几位观测者独立发现的”，伽利略“独自发现了用这一代仪器所能发现的一切重要的东西”。

188

附录2 伽利略“看到”天上有什么？[①]

如果对伽利略1609年以及随后几年通过望远镜观察天体的经验作一分析，我们就会看到，他对哥白尼学说的拥护影响甚至决定着对他实际观察到的现象的解释。科学史家往往会有这样一种印象，即1609年伽利略发现或“看到”了月球山脉和木星卫星。然而，如果认真阅读伽利略的手稿记录或1610年《星际讯息》中公开发表的那些发现，那么就会看到，当伽利略通过望远镜考察月球时，他实际看到的是他曾经预期的大量斑点。其中一些比另一些更暗，面积也大得多。伽利略称它们为“‘巨大的’或‘古老的’斑点”，因为很久以前古人就曾用肉眼看到过它们并作了记录。与此不同的是在望远镜发明之前从未观察到的大量较小的斑点。（或如伽利略所说，“在我之前从未有人看到过它们”。）这些新的斑点是感觉经验的原始数据。或者换句话说，伽利略通过望远镜实际看到的是两类斑点。正如伽利略告诉我们的，他用了一些时间才

189

将这些感觉数据或视像变成了一种新的概念：带有山脉和山谷的

---

① 本附录基于我的“The Influence of Theoretical Perspective on the Interpretation of Sense Data” in *Annali dell'Istituto e Museo di Storia della Scienze di Firenze*, anno V (1980), fascicolo 1。

月球表面，这就是他曾经通过望远镜看到的东西的来源。在这一点上没有什么疑问，伽利略本人在发表的著作中清清楚楚记载着。他说：

> 通过对月球表面明亮与黑暗部分的长期重复观测，我确信月球表面并非像许多哲学家所相信的，月球和其他天体是光滑的、均一的完美球体；恰恰相反，月球表面凹凸不平，充满了凹穴与凸起。就像地球的表面一样，山脉与深谷分布在月球表面各处。

接着，伽利略描述了“使我能够得出此结论”的实际观测。我们注意到，在伽利略看来，其中许多都类似于地球上的现象。例如，某些“小暗斑”“朝向太阳的那一边有黑暗的部分”，而在远离太阳的那一边，似乎“顶部出现光亮的轮廓，如同发光的山顶”。伽利略说，日出时，地球上有几乎完全类似的景象，“面对太阳的山峰已经在阳光照耀下闪闪发光，而群山环绕的山谷尚未沐浴在阳光中”。另一项“令人惊讶的”发现是月球暗区有许多“亮点”，与明暗界限离得相当远。他发现，这些亮点会逐渐变大，最终“会与[月球的]其他亮区结合在一起，形成更大的亮区”。他的结论是，这些东西必定是高出月球表面许多的明亮山峰，它们被太阳光所照耀，即使山脚仍然处于暗区或阴影中。伽利略再次提醒他的读者回想地球的类比，因为“在地球上，太阳升起以前，不是只有高山之巅为阳光所照耀，而平原仍然在阴影笼罩之中吗”？

正是由于伽利略对哥白尼体系的拥护，对月球的这些观察才在思想上转变为这样一些结论，它们符合伽利略所说的“古老的毕190 达哥拉斯派观点，即月球就像另一个地球”。必定有一种无意识的巨大压力，想要证实哥白尼的立场，即地球仅仅是另一颗行星，它从根本上说与其他行星和卫星并无不同。如果地球并非独特，那么它未必一定要静止不动和位于宇宙中心。于是，伽利略对哥白尼主义的拥护促使他将观测数据转化为月球与地球类似的主张。

类似的感觉经验数据的转化过程出现在伽利略所谓的：“我认为值得考虑的最重要的事情还没有说，那就是宣布自古以来从未观察到的四颗游动的星星(planets)。”在这里，伽利略是在原始的希腊语意义上使用 planets 一词的，即在天上漫游的物体，意指他发现的木星卫星，或伴随着主行星木星的卫星。他实际“看到”的并非一系列卫星。1610 年 1 月 7 日，他实际发现“在行星周围……有三颗非常明亮的小星星”。这些光点就是实际的感觉数据，尽管离木星很近，但看起来像恒星。伽利略起初只是对看到的这些光点作了简单而明显的转化，认为他看见了恒星。正如他所说：“我认为它们属于恒星之列。”他接着说，唯一引起他好奇的特殊之处是，它们“排列成一条平行于黄道的直线，并且比其他同样大小的星体来得明亮”。他远未认为这些星体是木星的卫星，他告诉我们：“如我前面所说的，最初我相信它们是恒星，所以当时我丝毫不关心它们与木星之间的距离。”他的第二项发现出现在第二天夜晚，“三颗小星星都移到了木星的西边，彼此以等距分布”。即使在那时，伽利略也没有猜测它们是卫星，而是告诉我们，

我开始关注这样一个问题，为何木星前夜还在两颗恒星

> 的西方，如今却移到了这三颗恒星的东方。因此，我开始担心，或许与天文学家的计算不符，木星当时并没有向东运动，移到它们前面。为此，我热切地期待次夜的来临。

191

在进一步观测之后，他最终"毫无疑问地确定，天上有三颗绕木星游动的星体，就像金星和水星绕太阳旋转一样"。没过多久他就发现，"四颗漫游者完成了围绕木星的旋转"。有趣的是，伽利略将卫星或较暗的星体围绕更亮的木星运转类比于金星和水星围绕更亮的太阳运转。这一类比暗示，（根据他本人的大量证词，）伽利略的哥白尼主义与他的观念转化直接相关，即把随木星一起运动的恒星转化为绕木星运转的卫星。①

木星卫星的例子与先前关于月球斑点的经验有本质不同。伽利略的哥白尼主义与反亚里士多德主义显然预先影响了他关于月球可能与地球相似的看法。然而，他的反亚里士多德的偏见或对哥白尼的支持并不能帮助他认识到，哥白尼体系模型以缩微形式存在于木星周围的卫星体系。现在看来有可能是出于以下推理：如果地球并非独特，那么地球可能就不是唯一有卫星的行星，这一

192

---

① 关于伽利略实际的观测以及"伽利略如何作出'他看到的是实际环绕木星运动的天体'这一结论的实际过程"，参见 Stillman Drake, *Galileo at Work: His Scientific Biography* (Chicago and London: The University of Chicago Press, 1978), 146—53, esp. 148—49。

德雷克还表明，伽利略为实际确定木星卫星的周期和轨道半径（或最大距角）付出了英雄式的努力。伽利略之所以会作出这种"巨大努力"，是因为他强烈拥护卫星的观念。参见 Drake, "Galileo and Satellite Prediction," *Journal for the History of Astronomy* 10 (1979), 75—95。

思路有可能是伽利略关于木星有卫星这一最终观念的一部分。但事实上，伽利略并未提到与地球有卫星的类比。无论如何，在行星有一颗卫星和木星周围有包含四颗新的"漫游者"的卫星体系之间有极大差别。甚至像开普勒这样坚定的哥白尼派也震惊于伽利略发现四颗新的漫游者的消息，因为他不知道应当如何将它们纳入自己的框架，其中六颗行星与仅仅存在五种正多面体相关联。

当然还有一点，那就是新的发现回答了反哥白尼派的问题，他们认为，地球如果沿轨道运转（不要忘了它以大约每秒 20 英里的速度高速运转），就会失去它的卫星。所有人都承认木星在运动；那么，如果木星能够沿轨道运转而不失去它的四颗卫星，那么地球在运转时不失去它那颗卫星当然也就不成问题了！

不久之前，伽利略（以及其他人）还做出了另一项著名发现，即太阳有黑子。这些黑子是给定的观察数据。重要的是，伽利略如何对它进行转化或解释。众所周知，伽利略表明它们是真正存在于太阳表面的黑子，它们的运动显示了太阳在绕轴旋转。其他那些有着不同科学和哲学观点的人则试图给出另一种不同解释，主张它们是"以水星或金星的方式围绕太阳运转"的"星体"（或者是"恒星"，或者是"行星"）投射于太阳的阴影。这两种解释显示了科学家对于所观察到的现象会有何种不同的观点。亚里士多德派必定认为，太阳本身是纯净的，不会有黑子，而像伽利略这样的反亚里士多德派则并不在乎太阳是否有黑子，是不发生变化还是每日都在变化。太阳黑子在历史语境下是有趣的，因为中世纪就有一193 些关于太阳黑子的观察，但那时倾向于将它们解释为因行星（水星或金星）经过太阳表面所导致，因为当时流行的哲学不会允许将这些发现转化为关于太阳本身有黑子的解释。①

转化学说试图揭示科学家的背景、哲学取向和科学观如何与感觉数据相互作用,以提供科学发展所依赖的基础。研究的下一个阶段将是通过一些例子确认、分类和解释科学家背景中那些有助于发现的部分。首先就是力争区分一般哲学科学背景的结果与科学家特殊人格的结果。弄清楚思想转化是与背景有关还是独立于特定的科学家,这是很重要的。发现心理学这一领域目前才刚刚起步。这是汉森(N. R. Hanson)一系列敏锐发现的主题,伦纳德·纳什(Leonard K. Nash)曾对它作了研究。格式塔心理学也许能够对此有不少贡献。毫无疑问,格里高利(R. L. Gregory)等实验心理学家以及贡布里希(E. H. Gombrich)等艺术史家的研究最终对阐明这一主题有很大贡献。②

---

① 关于太阳黑子的争论,参见德雷克翻译的伽利略的 *History and Demonstrations Concerning Sunspots and Their Phenomena*, 59—144, esp. 91—92, 95—99. Bernard R. Goldstein 曾经写过"Some Medieval Reports of Venus and Mercury Transits" in *Centaurus* 14 (1969), 49—59.

② Norwood Russell Hanson, *Patterns of Discovery: An Inquiry into the Conceptual Foundations of Science* (Cambridge: at the University Press, 1958); Leonard K. Nash, *The Nature of the Natural Sciences* (Boston: Little, Brown and Company, 1963)。关于格式塔问题与科学发现的关系,还可参见 Thomas S. Kuhn, *The Structure of Scientific Revolutions*, 2d *ed.* (Chicago: The University of Chicago Press, 1970), 64, 85, 111, 122, 150; Kuhn, *The Essential Tension* (Chicago: The University of Chicago Press, 1977), xiii. 亦参见 R. L. Gregory, *The Intellectual Eye* (London: Weidenfeld and Nicolson; New York: McGraw-Hill Book Co., 1970); Gregory, *Eye and Brain: The Psychology of Seeing* (New York: McGraw-Hill Book Co. [World University Library], 1966; R. L. Gregory and E. H. Gombrich, eds., *Illusion in Nature and in Art* (New York: Charles Scribner's Sons, 1973) and E. H. Gombrich, *Art and Illustion* (New York: Pantheon Books, 1960).

194

附录3　伽利略的自由落体实验

在比萨时期撰写的一些未发表的著作中，伽利略描述了从塔上释放重量不等的物体的实验。他并没有指明他在哪个塔上做的实验，但我猜想那必定是著名的比萨斜塔。当一群学者聚集在佛罗伦萨和比萨参加国际科学史大会时，我重复了这个实验，我发现由于这座塔的建筑特征，必须把身子倾斜，水平伸出手臂，每只手拿一个重物。显然，(重物是同时落地还是不同时落地的)实验结果依赖于释放重物在多大程度上是同时的。伽利略的笔记指出，有时一个重球会比一个轻球出发更慢，但在下落过程中会赶上它。这个结果似乎令人不解，特别是因为它出现在他本人未发表的手稿中，我们可以认为这其中包含着对实际观察到的现象的真正无偏见的记录。在其他情况下，伽利略报道说，两个重量不等的物体几乎同时下落，或者只存在他在《关于两门新科学的谈话》中提到的微小差别。

如果伽利略是一个认真的实验者，那么关于轻球的运动超前于重球的结果会怎样呢？当然，伽利略记录下了这一现象(并且说他曾经“多次”观察到这一点)；他甚至试图解释这一奇怪的现象，因为这并不符合他的理论。伽利略的说法是明确的。他写道：“如果进行观察，那么轻球将在运动一开始超过重球，运动得更快。”

195

另外，如果“从塔上释放”两个同样尺寸、重量相差一倍的球体，那么我们将会发现，在运动之初，“轻球将超过重球，在一段距离中会运动得更快”。伽利略甚至试图在未发表的论运动著作的一章中解释这种现象，这一章题为“在物体的自然运动开始时，为什么较轻的物体会比较重的物体运动更快”。伽利略不仅断言他观察到了这种现象，而且还引用了吉罗拉莫·波若(Girolamo Borro)在1575年的一本书中所作的类似观察；波若是比萨大学的教授，伽利略学生时代时仍然在那里教书。波若释放了重量相等但尺寸不等的木球和铅球，发现“铅球下降得更慢”。他写道，该试验“做了不止一次，而是多次”，“结果都相同”。

感谢塞特尔(Thomas B. Settle)[①]解决了这个谜团。他报道说，当实验者伸出手臂，手掌向下，拿着两个重量不等的物体时，是不可能同时释放这两个物体的，即使实验者完全相信这两个物体是同时释放的。摄影证据也无可争辩地表明，拿着重物的手张开的时间永远要略晚于拿着轻物的手。这方面的发现，即实验结果与伽利略的报告相一致，以及其他方面的发现使我们确信，伽利略是一个有天分的实验家，他记录且精确报道了所观察到的现象。

不仅如此，这段插曲也进一步证明，伽利略很早就用自由下落的物体做过实验，这些实验在他关于运动科学的研究中非常重要。

---

① “Galileo and Early Experimentation,” in Rutherford Aris, H. Ted Davis, and Roger H. Stuewer, eds., *Springs of Scientific Creativity* (Minneapolis: University of Minnesota Press, 1983), 3—20.

196

附录4　伽利略运动科学的实验基础

直到最近，我们对伽利略运动研究的认识还是基于他的短文和书(包括他生前发表的和身后编辑出版的)、手稿笔记和通信。这些材料被法瓦罗(Antonio Favaro)被编辑成煌煌20卷(1890—1909;1929—1939重印，1964—1966再次重印)。由这些材料可以看出伽利略思想发展的记录：从早年的中世纪晚期冲力物理学思想，到发现自由落体定律(即恒定的加速度使速度与时间成正比，距离与时间平方成正比)，再到出色地运用矢量速度的分解合成原理来分析抛射体轨道。

在第二次世界大战后的几十年，在柯瓦雷(Alexandre Koyré)的领导下，许多学者得出结论说，在运动原理的发现和发展过程中，实际的实验所起的作用是极小的。伽利略被看成一个思想家和分析家，而不是将问题直接诉诸经验检验的人。甚至有人怀疑，伽利略是否真的做过《关于两门新科学的谈话》中所描述的斜面实验，以验证经由数学分析而达到的结论。大多数学者都认为，所报道的观测的精确性在“脉搏跳动的十分之一”之内，这远远超出了197 这种设备的能力；这似乎明确证明伽利略从未做过这一实验。我们至多可以说，伽利略炫耀性地夸大了这些结果。伽利略没有给出数据似乎更加证明了这种观点。对斜面实验的怀疑并非在20

世纪才第一次表露出来。早在伽利略时代，梅森（Marin Mersenne）神父就曾在《普遍和谐》[*Harmonie universelle*, 1 (Paris, 1636), 112]中写道："我怀疑伽利略是否真的做了斜面实验，因为他从未谈起过它们，而且给出的比例往往与实验证据相矛盾。"

今天，我们对这个问题的看法已经发生了彻底变化。1961年，塞特尔设计并做了一个实验，它几乎就是伽利略在《关于两门新科学的谈话》中所描述的实验的精确复制。在报告（"An Experiment in the History of Science," *Science* 133 [1961], 19—23）中，塞特尔显示，正如伽利略所说，这些结果很容易准确到脉搏跳动的十分之一。其他人也证实了塞特尔的结果。接着，另一位实验家詹姆斯·麦克拉赫兰（James MacLachlan [*Isis* 64 [1973], 374—79]）重复了伽利略所描述的一个结果，它曾经备受嘲笑，以强调伽利略的实验只是一种"思想实验"，显然无法给出伽利略所描述的结果。但麦克拉赫兰却发现，这个起初令人无法置信的实验与伽利略的描述精确符合。我们已经看到（在附录 3 中），在 16 世纪 90 年代初，仍然在比萨的伽利略做了落体实验，他所记录的两个"同时"释放的物体，轻物起初要超前于重物这一古怪结果有合理的解释。

随着对伽利略实际所做实验的了解越来越多，人们对试图尽可能精确地确定伽利略发现运动定律的过程有了新的兴趣。他的步骤主要是以思想分析为指导吗，就像他发表的著作希望我们相信的那样？抑或他的观念是在做实验的过程中发展起来的？在 20 世纪 70 年代初，德雷克对伽利略的手稿做了新的研究。他发　198

现法瓦罗在编辑伽利略著作时有一些手稿没有收入，因为“它们只包含了计算或图表，而没有相伴随的命题或说明”。[①]

德雷克在对这些数据和图表做了分析之后断言，它们包含着“至少一组笔记，除非认为它们代表着一系列旨在检验一项基本假设（可以导出一项重要的新发现）的实验，那么就很难给出令人满意的解释”。根据德雷克的说法，这一假设就是直线惯性的假设；这项发现则是，缓慢运动的抛射体（一个球体滚下斜面，撞击偏转器，射向空中）有一条类似抛物线的曲线路径。德雷克证实了法瓦罗的一个基于直觉的想法，即伽利略早在1609年就发现了抛射体的抛物线路径，而且这时他已经知道并且写出了关于抛物线运动命题的证明，它主要见于《关于两门新科学的谈话》第四天的对话中。德雷克还分析了其他一些手稿，它们包含的数据符合在实验过程中发现自由落体定律的模式。

德雷克的研究所构建的新的伽利略形象是一个现代的科学家，他通过实验探讨运动主题（很像过去两个世纪的物理学家一直在做的事情），持一种类似于许多20世纪物理学家所采用的科学哲学。德雷克将伽利略对中世纪先驱的所谓依赖最小化，指出伽利略的早期著作中并没有中速度（mean speed）概念，表明了伽利

---

① 德雷克的分析已经发表为数篇论文，其中包括“Galileo's Experimental Confirmation of Horizontal Inertia,” *Isis* 64 (1973), 291—305; “Galileo's Discovery of the Law of Free Fall,” *Scientific American* 228, no. 5 (May 1973), 84—92; “Mathematics and Discovery in Galileo's Physics,” *Historia Mathematica*, 1 (1974), 129—50; and, with James MacLachlan, “Galileo's Discovery of the Parabolic Trajectory,” *Scientific American* 232, no. 3 (March 1975). 102—10 等等。综述参见德雷克的 *Galileo at Work*。

略如何将一种新的欧多克斯方案运用于比例论。

并非所有科学史家都完全同意德雷克的所有分析和结论。①一个问题是，德雷克似乎把伽利略过分打造成现代（比如19世纪或更晚的）物理学家的形象，一个打破传统的人，而许多科学史家都倾向于认为伽利略虽然有革新性，但却与中世纪和文艺复兴思想家有很强的联系。② 此外，德雷克并没有抑制自己的观点。例如他曾宣称："要找到手稿证据证明，伽利略很适应物理实验室，这并不让我感到惊讶。"他还公开抨击"我们那些更加老于世故的同事们"业已接受的观点，说他们提出了一些"哲学解释"，其仅有的优点就在于，它们"符合了科学长期有序发展的先入之见"。德雷克不喜欢这种观点，认为说"伽利略是一位安乐椅上的思辨者"是

199

① 不同意德雷克结论的两位主要学者是 Winifred L. Wisan 和 R. H. Naylor. Winifred Wisan 最重要的工作是"The New Science of Motion: A Study of Galileo's *De motu locali*," *Archive for History of Exact Sciences* 13 (1974), 103—306；亦参见"Mathematics and Experiment in Galileo's Science of Motion," *Annali dell'Istituto e Museo di Storia della Scienza di Firenze* 2 (1977), 149—60 和"Galileo and the Process of Scientific Creation," *Isis* 75 (1984), 269—86. R. H. Naylor 的看法见他的"Galileo and the Problem of Free Fall," *British Journal for the History of Science* 7 (1974), 105—34; "The Role of Experiment in Galileo's Early Work on the Law of Fall," *Annals of Science* 37 (1980), 363—78; "Galileo's Theory of Projectile Motion," *Isis* 71 (1980), 550—70.

② 德雷克不仅断言实验在伽利略发现运动定律过程中扮演了至关重要的角色，他对伽利略图表和数据的解释揭示了伽利略推理和分析的实际道路，而且还否认晚期中世纪运动研究对伽利略的重要性。伽利略在何种程度上了解（和使用了）14、15、16世纪概念、原理和方法的观念，目前是历史研究的热点，这方面的研究者包括 William Wallace、Alistair Crombie 和 Antonio Carrugo 等人。John E. Murdoch 和 Edith D. Sylla 对中世纪的运动观念做了研究，倾向于最大程度地减小这一发展对于17世纪物理学的重要性（参见附录7）。

贬低了伽利略。他想让我们相信,伽利略在"相当程度上""使用了我们今天认为理所当然的实验方法,只不过在17世纪它们还不是标准程序"。因此他的结果暗示,伽利略提出运动原理和定律的方式截然不同于伽利略做出发现的道路。

200

但是即使学者们并不接受德雷克个别分析的细节和他的结论,也很难怀疑他的研究表明了伽利略早年做了运动实验,而且这些实验与他那些伟大发现以某种方式紧密相关。德雷克向我们展示了伽利略发现运动定律的各个阶段,它们与伽利略那些图表和数据非常符合。然而,这些匆匆记下的笔记是否还可以作其他不同的解释,却仍然是一个悬而未决的问题。在缺乏伽利略本人的解释性注释或评论的情况下,任何重构都必定是尝试性和假说性的。为了作这种重构,赋予伽利略的数据、图表和偶然的注释以物理意义,德雷克不得不做出若干假设,对可能的中间思想阶段做出猜测。结果虽然产生了一幅一致的图景,但却没有被普遍接受。

然而,在研究新物理学诞生的语境下,我们也许可以最保险地得出结论说,德雷克已经用伽利略的例子证明了,怀特海(Alfred North Whitehead)所谓的"发现的逻辑"(logic of discovery)与"被发现者的逻辑"(logic of the discovered)之间存在着巨大差异。德雷克对伽利略手稿的分析表明,实验研究必定在"发现的逻辑"中起了至关重要的作用,伽利略也许正是通过这种方式得到其结果的。由于伽利略发表的著作并未包括这样一种实验基础,所以它必定构成了"被发现者的逻辑",即对伽利略的主题进行改写,以使其新的运动科学的展示次序和方式能够遵循某种理想的逻辑顺序。即使如此,自伽利略以降的四个世纪里,受伽利略影响的科学

和科学思想的发展必须依赖于他在《关于两门新科学的谈话》中留给我们的叙述，这依然是历史事实。[①] 201

然而，除了德雷克的重构的确符合伽利略的手稿和图表之外，还有一些因素也倾向于支持他的主张。这些因素很大程度上是否定性的，也就是说，它们证明伽利略做出发现的道路(即使事实证明，它与德雷克的想法非常不同)不可能是他在《关于两门新科学的谈话》中所给出的有条理的分析。首先，伽利略论运动的早期著作并没有使用连续加速的概念，而这个概念在《关于两门新科学的谈话》中非常突出，他也许是从中世纪晚期论运动的著作中得知的。在其最早的论运动的论著中(1590 年左右写于比萨)，他讨论了沿斜面运动的速度，并且错误地得出结论说，物体沿着等高不等长的斜面运动的速度应当与斜面长度成正比。当时，他显然认为加速度只是运动开始时的一个次要结果，而不是连续发生作用。真正的加速度概念也没有出现在 1592 年他回到帕多瓦之后不久所撰写的一部力学著作中。到了 1602 年，他发现，物体沿着垂直圆(vertical circle)的任何以圆的最低点为端点的弦自由“下落”，所花的时间是一样的。但在讨论这一结果时，他同样没有讨论加速度。直到 1603—1604 年，在寻找能够通过距离、速度和时间来解释自由落体的规则的过程中，伽利略才开始集中于加速度概念。

---

① 19 世纪末 20 世纪初的许多科学家和历史学家都不加批判地认为，既然伽利略是近代物理学(如果不是近代科学的话)之“父”，那么他也同样是实验方法的发明者和创始人。于是，他必定通过实验做出了他所有的发现。这种观点非常流行，以致伽利略《关于两门新科学的谈话》的译者 Henry Crew 和 Alfonso de Salvio 为伽利略的文本加上了“通过实验”一词，从而使得在关于运动主题的导言中不仅提到伽利略说他“发现”(*comperio*，“我发现”)了原理，而且让伽利略说，这些新的原理是“我通过实验发现的”。

202 在伽利略的职业生涯中，当他很了解中世纪晚期对运动的分析时，也几乎肯定已经开始了他的探索，那时他还是大学的一名年轻教师，学生时代才刚刚结束。然而也正是在这时，加速度概念及其推论在他的思想中似乎明显缺失了，或者不甚重要。因此，他似乎一直在沿着一条独立的道路进行探索和发现，而不仅仅在运用早期的成果。

此外，14、15、16 世纪运动分析的一个关键概念是“中速度”，它在中速度定理中起着重要作用。而这个概念似乎在伽利略的早期著作中并没有出现。在伽利略的最后一部著作《关于两门新科学的谈话》中，我们的确发现了非常类似于中速度定理的表述，但进一步的分析表明，伽利略的提出方式有些不同。即使认为伽利略后来（即 1590—1602 年的著作以后）看到了中世纪的运动理论，为什么中速度概念在他最成熟的著作中地位并不突出，这仍然是一个谜。于是有证据表明，伽利略关于运动的思想发展阶段并未简单地遵循中世纪思想家的思路。

曾经有人提出，对德雷克的批评之一就是，他不得不引入一些没有直接证据的假设或假说。在此过程中，他也许被一种将伽利略打造为现代物理学家形象的欲望所驱使。德雷克并未隐瞒这种伽利略形象，他对自己的假定非常坦率。我本人倾向于赞同德雷克的许多分析，虽然我对某些使他的结论符合数据的辅助性假说表示怀疑。但我非常不同意德雷克用以下语言表达的争辩态度：

> 的确，如果伽利略开始时就有一个正确的匀加速定义，就像他在最后出版的著作中那样，那么他也许必然会得出他的

> 结论；确实，这样一个定义在中世纪时曾经给出过。他所要做的一切只是将这一定义运用于自由落体情形，当然还要加上关于斜面末端速度的假设，这看起来真的相当平凡和简单。伽利略的工作就这样展现在教科书中，作为中世纪运动分析的一种相当乏味的延伸。

如果我反对这样的说法，那么我是作为作者多年的朋友和崇拜者来批评的。注意第二句开始时说："他所要做的一切……"在整整两个世纪（14、15世纪）中，研究相关主题的学者没有一位曾"将这一定义用于自由落体"，而在接下来的世纪（16世纪），只有一位学者这样做了，但却是以一种平凡的方式做的，并没有任何结果或影响。因此，有证据表明，作这样一种应用必定是英勇的巨大一步，任何关注这一主题的伟大哲学家（或自然哲学家）、神学家或数学家都从未迈出这一步。这巨大的一步实际上需要一种关于数学和自然的全新的革命性态度以及关于斜面末端速度的假设这一相关步骤，称它看起来"真的相当平凡和简单"并不符合历史。而且，即使伽利略使用中世纪的概念和匀速、匀加速运动定律只是在其最终表述中才出现，也没有完全解释他的发现，但称它是"中世纪运动分析的一种相当乏味的延伸"肯定是一种严重的扭曲。

总而言之，德雷克已经提请我们注意在接受伽利略在《关于两门新科学的谈话》中分析运动时的一些基本问题，就好像它是对其发现阶段的真正而完整的叙述一样。此外，德雷克已经雄辩地表明，伽利略很早就做了运动实验，发现了著名的定律。德雷克还对伽利略的思想做了重建，如果我们愿意承认某些还算合理的假设

的话，那么它是符合数据的。但也有一些正当的理由使我们不能
204 完全赞同这种重建的每个部分，我们需要怀疑在什么程度上被给予的东西确实是唯一可能的设想。也许另一套假设可以将图表和数据与伽利略本人在《关于两门新科学的谈话》中所提出的至少某些方面结合起来。但没有理由怀疑，实验在伽利略研究运动原理、发现运动定律方面起了重要作用。在德雷克 1972 年对手稿做了研究之前，这一观点并无证据。最后，必须说，德雷克的重建的确符合图表和数据。因此，我们合理地得出结论：德雷克基本上是正确的，即使他带着发现者的热情，可能有些过分强调伽利略作为一个现代实验物理学家的形象，淡化思想的作用以及中世纪晚期的概念和规则对伽利略的影响。在这种情况下，我们必须接受这样一种奇怪局面：伽利略不仅在《关于两门新科学的谈话》中以一种与他的发现方式完全不同的方式介绍了他的结果，而且还有效地隐藏了做出这些发现的任何痕迹。结果，正如我们所看到的，他介绍了一个与发现无关的实验（或实验证据），它只是作为一个对自然中实际发生 $D \propto T^2$ 的测试或检验。这出现在《关于两门新科学的谈话》的一节中，伽利略在这里通过提出“我发现”（*comperio*）的新事物而引入了运动主题。学者们用了大约三个半世纪才发现和研究了伽利略这些奇特的随笔和计算，并且开始深入到《关于两门新科学的谈话》的逻辑外观背后进行研究，以找到这些发现和革新的初始步骤。

附录 5　伽利略是否认为匀加速运动的速度与距离成正比

205

在《伽利略 1604 年关于自由落体的工作》("Galileo's Work on Free Fall in 1604", in *Physis* 16 [1974], 309—322)一文中,德雷克讨论了伽利略写给萨尔皮的信。伽利略在信中声称,如果可以假设自由落体速度与距离成正比,那么就可以证明距离与时间的平方成正比。德雷克的分析基于伽利略的随笔手稿。德雷克的结论是,伽利略是在通过打桩机等等的冲击效应来测量 velocità,这个量类似于我们的 V^2 而不是 V。那么,如果我们将伽利略写给萨尔皮的条件句翻译成代数比例的语言,那么伽利略会说,条件

$$V^2 \propto D$$

会导出关系

$$D \propto T^2$$

我们很容易看出,这只是以下基本关系的另一个方面:

$$V \propto T$$

或

$$V^2 \propto T^2$$

然而,在《关于两门新科学的谈话》中,伽利略非常明确地承认,他曾经认为

206

$$V \propto S$$

只是到了后来，他才认识到正确的原理

$$V \propto T$$

沙格列陀（在第三天的对话中）问，“匀加速运动”是否是“速度按照距离的增加而增加的运动”？萨尔维阿蒂（一般都代表伽利略）的回答是，他觉得“看到这样一位同伴犯错误让人非常欣慰”，“我们的作者本人……也在同一错误下挣扎了一段时间”。辛普里丘（讨论成员中的亚里士多德派）补充说：他也认为“速度与距离成正比”。

附录 6　假说-演绎方法

在其实验检验中，伽利略展示了所谓数学-实验和假说-演绎方法的实质。他希望检验关系 $V\propto T$，但却无法在实验所确定的速度和时间之间建立直接关联。然而，他知道如果 $V\propto T$，那么 $D\propto T^2$，也就是说，$D\propto T^2$ 可以由假说 $V\propto T$ 演绎出来。另外，他也知道他可以对 $D\propto T^2$ 做出实验检验。对这种关系的确证使他相信，导出了 $D\propto T^2$ 的 $V\propto T$ 是有效的。

如果用符号来表示，那么伽利略所做的就是由 A 导出 B；接下来检验 B，然后得出结论说 A 成立。然而应当指出，这种方法并不能保证 A。例如，也许 B 也可以由 A′推出。此外，假定由 A 导出 B 的过程是正确的。一般来说，这意味着逻辑演绎的正确性。伽利略的方法是借助于数学由 A 导出 B 的。因为 B 是通过数学由 A 导出的，然后又被实验所检验，所以这一方法也被称为数学-演绎方法。在 17 世纪，有时也称它为“数学-实验”方法。这种方法之所以被称为“假说-演绎”方法，是因为我们希望检验假说 A，但却不能通过直接实验这样做。因此，我们由 A 导出 B，然后通过实验检验结论 B。（伽利略对这种方法的使用可参见前面第五章中的“伽利略的运动科学”一节，其中假说为 $V\propto T$，可检验的结论为 $D\propto T^2$）。

附录 7　伽利略与中世纪运动科学

在试图把伽利略运动观念的发展与晚期经院哲学的分析联系起来的过程中，我们必须小心区分伽利略在做出发现的过程中与在《关于两门新科学的谈话》对这一主题的逻辑叙述中对这些先驱者工作的利用（参见附录 4）。此外，我们还要时刻牢记，中世纪学者处理的是抽象事物，而不是我们的感官所揭示的、通过实验和观察所知的自然界。约翰·默多克（John Murdoch）和伊迪丝·西拉（Edith D. Sylla）[①]对于该问题的总结如下：

> 甚至当运动的原因正在被讨论，而且作为确定该运动的力和阻力被量度时，他们所关注的也不是存在于某个特定的推动者、运动者或介质中的力和阻力，而是从具体的施动者和承受者中抽象出来的力和阻力。

因此，认为“14 世纪新的、独特的努力直接朝着近代早期科学

---

① John E. Murdoch and Edith D. Sylla, "The Science of Motion," in David Lindberg, ed., *Science in the Middle Ages* (Chicago: The University of Chicago Press. 1978), 206—64.

前进”是错误的。虽然“伽利略知道中世纪关于运动的工作”，而且有可能将“中世纪的中速度定理甚至是对它的证明用在他本人对自然加速运动的考察中”，但必须记住，“伽利略所使用的只是中世纪运动科学的一个部分，一个片段，一个脱离了其背景的部分，在伽利略手中，它执行的是完全不同的任务。” 209

简而言之，“许多讨论运动的中世纪学者的目标，事实上是整个事业，乃是与伽利略及其同行的世界不同的世界”。即使是中速度定理，也“从来没有（除了有一次几乎是偶然的情形）像伽利略那样与自由落体运动联系在一起。”

这些限制提醒我们，由这些晚期经院学者的著作通向伽利略新的、革命性的运动科学可能并不容易。事实上，伽利略新的运动科学的真正革命性最好地体现于这样一种对比：中世纪的抽象与自然无涉，伽利略的科学则完全基于观测和实验，并且由实验所揭示的它与自然的符合程度所检验。

附录8　开普勒、笛卡尔和伽桑狄论惯性

在本书中，我没有讨论开普勒、笛卡尔和伽桑狄在惯性方面的贡献。开普勒将惯性概念引入了对运动的讨论中。但在开普勒看来，惯性（来自拉丁语，意为"懒惰"或"漠不关心"）首先蕴含着，物质本身不能自行开始运动，即使运动，也无法保持运动。相反，由于它的"惰性"，物质需要一个推动者。无论在任何地方，只要推动者停止作用，物体就会停止。如果没有推动者，物体本身是无法继续运动到某个"自然位置"的。因此，开普勒的物理学暗示，物体无自然位置可寻，就像亚里士多德教导我们的那样。这种激进的结论对于开普勒是必需的，因为在哥白尼的宇宙中，地球在不断运动，所以地球物体不可能有固定位置或自然位置。

笛卡尔有一个更为激进的想法。他提出，匀速直线运动和静止一样，都是一种"状态"。由于在没有外力作用的情况下，物体可以保持任何"状态"，所以笛卡尔本质上是在对静止状态和运动状态做一种动力学上的等效，只要后者是匀速直线运动。笛卡尔首先在《世界》(*Le monde*)中阐述了这条新的原理，但他并没有发表这部论著，因为它是以哥白尼学说为基础的。当笛卡尔听说伽利略遭到宗教裁判所谴责时，他认为将《世界》付诸出版是不明智的。

笛卡尔后来又撰写发表了另一部包含惯性原理的著作——

《哲学原理》(*Principia philosophiae*)。与此同时,法国哲学家、科学家伽桑狄(Pierre Gassendi)已经发表了这一定律。伽桑狄还做了实验来检验这一定律,包括在移动的车和船上释放重物等等。

笛卡尔的《哲学原理》产生了巨大影响;例如,它深刻地影响了牛顿。牛顿的《自然哲学的数学原理》之所以这样命名,就表明它是对笛卡尔著作的改进。笛卡尔已经写了一部《哲学原理》,但牛顿却更进一步,要创造一种《自然哲学的数学原理》。也就是说,牛顿关注的与其说是一般的哲学原理,不如说是自然哲学或物理科学和它的数学原理。在表述惯性定律时,牛顿甚至使用了笛卡尔《哲学原理》中的某些表述,比如"状态"(*status*)和"在它之中存在的量"(*quantum in se est*)等等。牛顿作为第一条"公理,或运动定律"(*axiomata, sive leges motus*)对这一定律的表述,似乎已经由笛卡尔所说的"特定的规则,或自然定律"(*regulae quaedam sive leges naturae*)所决定了。

211

附录 9　伽利略对抛物线路径的发现

伽利略对抛物线路径的发现似乎有两个部分。一个是数学证明,即在没有阻力的空间中运动的抛射体将有两个独立的分量:一个是竖直分量,遵循自由落体定律(就好像没有水平分量一样);另一个是水平分量,即匀速的向前运动(就好像没有竖直分量一样)。在竖直方向上,下落的距离 D_y 与时间的平方成正比;在水平方向走过的距离 D_x 则与时间成正比。$D_y \propto T^2$ 与 $D_x \propto T$ 的结合就产生了抛物线(参见附录 10,第 8 点)。伽利略早在 1604 年就知道了自由落体定律。德雷克发现:"伽利略肯定不迟于 1608 年就发现了抛物线轨迹,并于 1609 年初从数学上证明了这一点。"但伽利略直到大约 30 年后才在《关于两门新科学的谈话》中提到这一发现。

德雷克对伽利略发现过程的重建是基于对一些图表和数据的解释和对伽利略笔记中一些没有说明文字的奇怪内容进行的计算。德雷克表明,这些笔记与这样一个实验相符合:一个球滚下斜面,继而偏转,沿水平方向运动。伽利略被认为是在检验水平的惯性运动,这种装置使他能够以确定的速度沿水平方向发射出炮弹。通过对这些文件的分析,德雷克总结说,伽利略必定是把抛物线路径看成这些实验的一个副产品。德雷克的证据不仅是他能够把伽利略的数据再现为计算结果，而且还能设计建造一个实验装置，他所记录的数据"足够类似于伽利略所记录的数据，从而可以证实其假说，即伽利略通过实验获得了精确到三四位有效数字的测量数据。"如果这种分析是正确的，那么我们唯一怀疑的就是，在最终（发表的）对抛物线轨迹的讨论中，伽利略为何没有提到任何定量实验，甚至也没有暗示这是可能的。

214

附录10　伽利略运动科学的主要发现概述

伽利略的《关于两门新科学的谈话》提出了一种自由落体的数学理论，其中大部分内容他似乎在30年前就已经发现。伽利略的主要发现包括以下内容：

1. 与流行的看法相反，从高处（比如塔顶）下落的重物和轻物的速度并非与其重量成正比，而是几乎以相同速度下落。

2. 如果物体在空气（或其他任何起阻碍作用的介质）中下落，则阻力将随着速度的增加而增加；当阻力变得与物体的重量相等时，加速会停止，物体继续匀速下落。

3. 在有限的情况下（比如在光滑的水平面上，或者当空气阻力等于和抵消引起加速的重力时），物体将继续已经获得的运动。（伽利略猜测，这种有限的或受限制的惯性原理也适用于与地球同心的巨大球面，如地球表面。他还将这一原理与物体保持转动的倾向相关联。）

215

4. 在自然加速或匀加速运动的情况下，速度按照整数1，2，3，……而增加（如果从静止开始，我们把这一定律写作 $V\propto T$[或 $V=AT$]）。由此可得，距离与时间的平方成正比，或 $D\propto T^2$（实际

上是 $D = 1/2AT^2$)。伽利略通过实验表明,$D \propto T^2$ 对于从任何斜面上滚下的小球都有效。

(a)在这些运动中,在相等时间段内所走过的距离之比为奇数 1,3,5,7,…… 之比,因为走过的总距离之比为平方(1,4,9,16,……)之比,而 $4-1=3$,$9-4=5$,$16-9=7$,……

5. 自由下落和滚下斜面是匀加速运动的两个例子。因此,自由落体定律为 $V \propto T$ 和 $D \propto T^2$。

(a)由于空气阻力的影响,在空气中下落并非纯粹的匀加速运动;因此,当两个重量不等的物体从塔上落下时,重物会比轻物稍早一点触到地面。

6. 对于斜面运动而言,只要出发点的高度不变,那么无论斜面以何种角度倾斜,末速度都相同。

(a)只要以圆的最低点为端点,那么沿着垂直圆任何一条弦的下落时间都相同。

(b)如果物体在某一时间段内作匀加速运动,然后转向,以所获得的速度作匀速运动,则它(在另一个这样的时间段内)所走过的距离将为初始加速运动所走距离的两倍。

7. 复合运动的竖直分量和水平分量是独立的,因此物体(如抛射体)的运动可以有一个匀速的水平分量和一个匀加速的竖直分量,两者彼此独立。 216

8. 抛射体的路径(忽视空气阻力的因素)是一条抛物线,这是因为向前的水平运动是匀速的,竖直运动则是匀加速的。在直角坐标系中,$x=V_0T$,$y=1/2AT^2$。设常数 V_0 和 $1/2A$ 分布为 c 和

k，则方程变为：$x=cT$，$y=kT^2$，于是$\frac{x^2}{c^2}=T^2$ 且$\frac{y}{k}=T^2$，从而 $y=Kx^2$（其中 $K=\frac{k}{c^2}$），这是一个抛物线方程。

9. 伽利略说，运动可以是一种类似于“静止状态”的“状态”，这相当于说，运动可以无限地自行持续下去，而不需要任何外力的介入。“运动状态”的概念是笛卡尔提出来的，它成为牛顿理性力学大厦的基石。

运用简单的代数，我们可以看到伽利略“二倍距离规则”（6b）的正确性。对于匀加速运动来说，在时间 T 内

$$V=AT$$

$$D=½AT^2$$

当时间 T 结束时，让物体开始以所获得的速度 V 运动另一时间段 T。它所通过的距离为

$$\text{“距离”}=VT$$

但由于

217

$$V=AT$$

所以

$$\text{“距离”}=(AT)\times T=AT^2$$

而 $AT^2=2(½AT^2)=2D$。

德雷克解释说，伽利略试图在一份早期手稿中将这个正确的结果应用于这样一个情形：球体滚下斜面，然后在一个曲线形偏转仪的作用下开始作水平运动。所观察到的距离并不符合计算出来

的距离。原因很清楚。如果沿斜面下滑没有摩擦，比如浮在二氧化碳气垫上的干冰滑块或者普通的冰块沿着很陡的斜面下滑，那么两者就会一致。但伽利略显然一直在用球体滚下斜面来实验；他不知道这会产生很大的偏差，因为球的运动和能量不是平移的，而是包含着旋转（因子为运动的 2/7）。

218

附录11　胡克对牛顿的功劳：对曲线轨道运动的分析

在一次激烈的争论中，胡克希望牛顿能够就引力的平方反比律感谢他，而牛顿却掩饰了胡克对其思想的真正贡献。胡克的贡献并非提出了平方反比律，牛顿正确地认为，只要知道了 v^2/r，那么通过分析圆周运动便可以很简单地（至少对于圆周轨道）导出平方反比律。胡克教给牛顿的是更为基本的东西，那就是如何正确地分析圆周运动。

1679年，胡克（刚被任命为伦敦皇家学会的秘书）写了一封友好的信给牛顿，希望牛顿能够把一些科学通信寄给学会。接着，胡克请牛顿评论一下胡克所说的"我……关于用切向的运动和朝向中心物体的吸引运动来合成行星的天体运动……的假说"。在回信中，牛顿提出了另一个话题，但没有讨论胡克的"假说"。在1680年1月6日的一封信中，胡克写了"我关于引力使行星保持在轨道上的假设"：这种"引力始终与和中心的距离成平方反比"。219 因此……速度将……像开普勒所假设的那样与距离成反比。速度在这里被认为与距离成反比。胡克向牛顿强调，解决行星运动问题和月球的运动很重要，因为这种知识可以解决在海上找到经度的问题，它"将对人类关系重大"。胡克对这封给牛顿的信颇为自得，以至于在皇家学会的会议上当众宣读。胡克在 1 月 17 日的信中重申了他关于“中心引力”的“假设”，暗示牛顿“卓越的方法”将“很容易”使他发现这种力会导致“什么曲线”，并“给出这一比例的物理理由”。

牛顿在一封回信中，明确说自己从未听说过胡克关于切向运动和“朝向中心物体的吸引运动”合成轨道运动的“假说”。我们知道，牛顿本人曾经认为是一种离心力，即沿曲线运动的物体似乎都有一种远离中心或被向外推的趋势。

胡克的分析包含了研究天体运动的关键，它对于《自然哲学的数学原理》中牛顿天体力学的发展具有核心作用。在许多文件中，牛顿承认，促使他开始研究这个问题的是他与胡克的通信。牛顿将这种指向中央的力称为“向心力”。我们此前一直在使用它。牛顿根据从胡克那里学到的东西所作的分析显示在图 31 和 32 中。

牛顿似乎是在 1679/80 年与胡克通信后才写出了第一篇关于天体力学的论文。当哈雷 1684 年来访时，牛顿告诉哈雷，他已经计算出了在平方反比力作用下的行星轨道，他此时指的正是这篇论文。但牛顿并不需要胡克告诉他，这个力应该与距离成平方反比。只要知道圆周运动的力正比于 v^2/r，从最简单的代数就可以推出这个结论；至少对于圆周轨道是如此，也很容易猜想椭圆也是如此。但是，正如牛顿非常正确地认为的，做一个好的猜测是一回事，找到一个数学真理及其推论则是另一回事。前者很容易做到，后者则很难做到。他本人曾经猜测，这个力成平方反比，尽管他已经徒然地考虑了离心力而非向心力。但早在惠更斯 1673 年发表之前，他已经知道了 v^2/r 的定律。 220

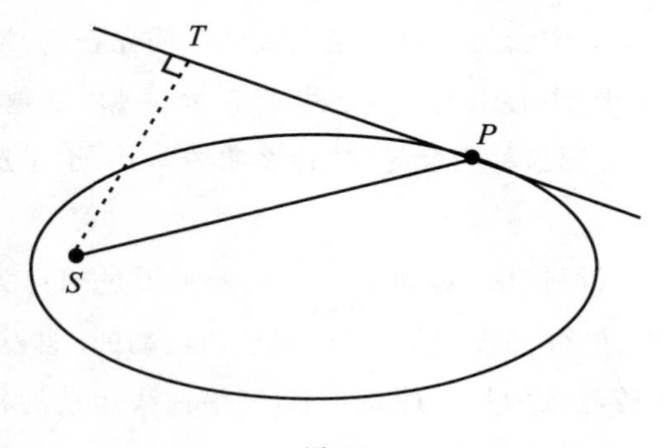

图 35

牛顿很清楚，胡克并不完全理解自己所写的到底是什么。尽管胡克对曲线运动作了敏锐的分析，但在下结论说速度与距离成反比时，他犯了一个严重的错误。正如牛顿很容易证明的，速度与切线的垂线成反比。图中行星位于 P。胡克的说法相当于断言，P 的速度与到太阳的距离成反比，或

$$v \propto \frac{1}{SP}$$

但牛顿说，速度其实是与太阳 S 到轨道在 P 点的切线的垂线 ST 成反比，

$$v \propto \frac{1}{ST}$$

221 只有在拱点处，胡克的定律才成立。此外，胡克的速度定律与开普勒的面积定律不一致。开普勒本人后来发现了这一点，于是他放弃了与距离成反比的速度定律，而胡克仍然认为这对行星的轨道运动是有效的。

因此牛顿正确地判断说，胡克实际上并不真正理解其猜测（即

引力与距离的平方成反比）的推论，因此，他在发现万有引力定律方面不值得称赞。考虑到牛顿并不需要胡克告诉他力的平方反比特征，这似乎就更是如此。胡克针对平方反比律所提出的要求掩盖了他对牛顿更基本的功劳，即对曲线轨道运动的分析。由于索取过多，胡克实际上剥夺了自己对一种重要观念应得的贡献。（进一步的信息请参见我的《牛顿革命》[*The Newtonian Revolution*, Cambridge and New York: Cambridge University Press, 1980, 1983, secs. 5.4, 5.5]）。

附录 12　行星与彗星的惯性

牛顿说行星和彗星的运动说明了惯性原理，这似乎令人费解，因为它们的运动是曲线运动。牛顿期望他的读者们了解，这种运动有两个分量：一个沿着切线曲线的直线的惯性运动，另一个是朝中心(向心)“下落”的持续加速的运动，它使运动沿着曲线进行，而不是沿切线飞离。由于行星和彗星的运动已经持续了很长时间(未受摩擦的减损)，而且很可能还要持续很长时间，所以其轨道运动的切线分量便提供了惯性运动的最好例子，这种运动持续不断地进行，没有明显减小。地球上的运动，比如抛射体运动，就不是很好的例子，因为这些运动因空气摩擦而减慢，而且不会持续很长时间，因为所有的抛射体最终都会落在地上。

牛顿还通过陀螺的旋转或地球的旋转来说明惯性运动。在这两种情况下，旋转物体的个别微粒都有一个直线的惯性运动分量，但是由于使微粒保持在一起的聚合力，它们并没有沿切线飞出。事实上，我们由经验可以知道这种分析是多么正确，我们可以使许多物体快速旋转而飞散，因为它们的组分获得了巨大的切向速度，以致聚合力不再能够强大到使它们继续沿圆周路径运动。如果月球速度突然有一个巨大的增长，那么情况也是类似的，那样一来，使得月球能够足够快地下落，以保持在其轨道所需的力将会增加（根据 v^2/r 律）。这个力会变得大于地球对月球的引力，月亮将开始沿切线飞离。 223

附录 13　对由平方反比律导出椭圆行星轨道的证明

在《自然哲学的数学原理》第一卷的一系列命题(命题 11－13)中,牛顿证明,如果行星沿椭圆、抛物线或双曲线轨道运动,则所需的力与行星到焦点距离的平方成反比。要证明这一点,他援引了面积定律(命题 1,2,3)和对力的一种非常原始的数学度量(命题 6)。然后,在第一版的命题 11－13 的推论 1 中,牛顿未经证明地陈述了命题 11－13 的逆命题:给定一个平方反比力,轨道将为一种圆锥曲线。在随后的命题 17 中,牛顿表明了当力与距离的平方成反比时,哪些条件会产生一个圆、椭圆、抛物线或双曲线。在《自然哲学的数学原理》的第二版中,牛顿补充了证明命题 11－13 推论的各个步骤。

许多学者都混淆了两个命题:(1)圆锥曲线蕴含着平方反比力;(2)平方反比力蕴含着圆锥曲线。对其中一个命题的证明本身并不蕴含着对另一个命题的证明。牛顿本人很清楚,证明“A 蕴含 B”并不能证明“B 蕴含 A”。例如,在《自然哲学的数学原理》的命题 1 中,他证明,如果有向心力作用于一个带有初始惯性运动分量的物体,则面积定律成立;但是接着,他又引入了命题 2 来证明它的逆命题,即面积定律蕴含着向心力。在《自然哲学的数学原理》的第一版中，牛顿实际上并没有证明平方反比力蕴含着椭圆的行星轨道，但这并不必然意味着他认为这种证明不必要，或者他没有想出这种证明。《自然哲学的数学原理》是一部非常特殊的著作。牛顿作为“显而易见”而省略的许多内容在其读者看来远非显然，但也有一些时候，他大谈特谈的内容在我们看来似乎又显而易见或微不足道。

牛顿在与胡克通信之后（参见附录 11）所证明的似乎是，椭圆轨道蕴含着平方反比律，他在哈雷 1684 年来访后所写的文章就证明了这个命题。在《自然哲学的数学原理》第一版中也是如此。但是，根据康杜特（Conduitt）对哈雷来访的叙述，哈雷问牛顿，在平方反比力的作用下行星轨道是什么样（而不是给定椭圆轨道，力是什么样）。牛顿回答说，路径将是一个椭圆，并说他已经做了计算。当然，这是康杜特的回忆，哈雷曾经告诉他多年以前与牛顿的一次谈话。我们不能确定这是否准确地记录了哈雷或牛顿在那次著名会见中所说的话。牛顿后来在阐明自己的发展历程时的确说，在 1676 至 1677 年（实为 1679 至 1680 年之误），他“发现了这样一个命题，即在与距离成平方反比的离心力[理解为向心力]的作用下，行星必定沿一个椭圆围绕处于椭圆焦点的力的中心旋转，或者引向那个中心的半径在相等时间内扫过相等的面积”。

有几种可能的结论，其中包括：(1)牛顿证明了椭圆蕴含着平方反比力，但误以为他已经证明了它的逆命题；(2)牛顿证明了椭圆蕴含着平方反比力，但（在心里或纸上）证明了逆命题；(3)牛顿并不理解他已经证明的结论，以为他已经证明了平方反比力蕴含着椭圆的行星轨道；(4)牛顿证明了椭圆蕴含着平方反比力，只是

认为理所当然可以证明其逆命题。在没有证据的情况下，假设历
226 史的可能性是没有什么好处的。但在我和其他牛顿研究者看来，牛顿不大可能犯错误(1)，因为这是一个明显的逻辑谬误。同样，像牛顿这样有超强数学能力的人犯错误(3)是不可思议的。但是(2)和(4)却是可能的。我们知道，牛顿被批评在《自然哲学的数学原理》第一版中没有证明，平方反比律蕴含着椭圆轨道；因此，他在第二版中修改了命题 11－13 的推论 1，提供了证明。[①] 至少有一次，牛顿本人讨论了这个问题。在一篇未发表的《自然哲学的数学原理》的历史发展中，牛顿写道："对命题 11、12、13 的第一个推论的证明是显而易见的，我在第一版中省略了它……"

因此事实是，在第一版中牛顿指出(但没有给出证明)，平方反比律蕴含着椭圆轨道；在第二版中，他提供了证明。关于这一序列，我们只能进行猜测或假设。正如牛顿所说，我们不应将知识建立在假说的基础之上。

---

① 感谢 Robert Weinstock (*American Journal of Physics* 50, pp. 610—17)使学者们注意到了这个问题。但是对于可能性(1)，他的极端立场还没有取得一致意见。关于牛顿给出的证明是否严格或合适，是一个完全独立的问题。Weinstock 教授认为，其实它根本不是证明。

牛顿的自述收在我的 *Introduction to Newton's "Principia"* (Cambridge, Mass.: Harvard University Press, 1971)的附录 1 中。在关于优先权的争吵中，牛顿写下它们是为了表明，我们从其他证据中得知的发现年表是不准确的，因此必须持保留态度。关于这个话题，参见我的 *The Newtonian Revolution* (Cambridge and New York: Cambridge University Press, 1980, 1983), 248—49。

附录 14 牛顿与苹果：牛顿发现 v^2/r 定律

牛顿投入了大量时间和精力来编写和改进他的发现年表，它所记录的许多发现日期都要比原始历史文献所保证的更早。他之所以要把假想的历史年表强加于人，也许是想把发现时间提得足够早，从而可以在争夺优先权的过程中战胜对手。

牛顿也许虚构了苹果的故事，它的时间是在 17 世纪 60 年代中期，当时他声称已经对月球做了检验。我们知道，苹果下落的故事是他本人讲述的，这个被人一再讲述的故事的起源是，当时他正在思考引力延伸至月球。他后来可能也开始相信，他在 17 世纪 60 年代已经计算了月球的下落，并发现这一检验大致符合。但他实际上计算的并不是月球的下落，就像在《自然哲学的数学原理》第三卷命题 4 的附注中对月球所作的著名检验所说的那样，而是某种完全不同的东西。[①]

关于牛顿早年发现的匀速圆周运动的 v^2/r 定律，我们有更好

---

① 关于牛顿的计算及其意义，参见我的专题研究"The *Principia*, Universal Gravitation, and the 'Newtonian Style'" in Zev Bechler, ed., *Contemporary Newtonian Research* (Dordrecht [Holland] and Boston: D. Reidel Publishing Co., 1982)；以及我的 *The Newtonian Revolution* 的 sec. 5.3。

的根据。这个时候，牛顿正在寻求对“离心努力”的度量；只是到了后来，即1680年（参见附录2），牛顿才被胡克引向了向心力概念。228在哈雷告知牛顿，胡克认为自己发现平方反比律有功之后，牛顿寄给哈雷一份证明的纲要，说这是基于他大约20年前的研究，让他加到《自然哲学的数学原理》第一卷命题4后面的附注结尾。牛顿想让所有读者明白，他在惠更斯1673年在《摆钟论》（*Horologium oscillatorium*）中发表 v^2/r 之前（实际上几乎是十年前）就知道这一定律。由于命题4讨论了匀速圆周运动，所以牛顿实际上说，他早已得知这个力与 v^2/r 成正比，因此很容易表明（通过一点代数和开普勒第三定律），这个力与 $1/r^2$ 成正比。所以他不需要胡克20年前来告诉他 $1/r^2$ 的事情。

1960年，约翰·赫里韦尔（*John Herivel*）分析了牛顿关于力和运动的一些早期著作，牛顿将它们收在1665年初或其后不久编的《杂记簿》（*Waste Book*）中。赫里韦尔表明，在这份文献中，牛顿非常原创地导出了 v^2/r 律。① 因此毫无疑问，牛顿很早就完全独立于惠更斯发现了这一定律。

① 参见 John W. Herivel 的“Newton's Discovery of the Law of Centrifugal Force.” *Isis* 51 (1960), 546—53；以及 Herivel 的 *The Background to Newton's Principia* (Oxford: Clarendon Press, 1965), 7—13。

附录 15　牛顿论“引力”质量与“惯性”质量

229

在 169—171 页的推导中，我们用两个方程给出了作用于苹果等地球物体的力。一个是引力方程，

$$F = G\frac{mM_e}{R_e^2}$$

或

$$W = G\frac{mM_e}{R_e^2}$$

另一个是动力学方程或惯性方程，

$$m = \frac{F}{A}$$

或

$$F = mA$$

它在重力的情况下变为

$$W = mA$$

应当注意，在第二组方程中，m 是物体惯性的量度，这就是物体对被加速或改变其运动或静止状态的惯性反抗（F/A）。为精确起见，我们赋予这个量一个专属于 20 世纪的名字——“惯性质量”，230 并用符号 m_i 来取代 m，以表示其惯性性质。上述最后的方程现在

可以改写为

$$F = m_i A$$

$$W = m_i A$$

现在我们来考虑出现在第一组方程

$$F = G\frac{mM_e}{R_e^2}$$

$$W = G\frac{m_g M_e}{R_e^2}$$

中的量 m(或质量)。这里的 m 与物体对被加速或发生状态改变的惯性反抗并无明显关联,而是关于物体对地球引力的反应的量度(或决定因素)。或者用今天物理学的话说,这是物体对地球引力场(或任何其他引力场)的反应的量度(或决定因素)。于是,我们也许可以给它一个20世纪的名称——"引力质量"。因此,我们可以用符号 m_g 来表示这个量。前两个方程现在变成了

$$F = G\frac{m_g M_e}{R_e^2}$$

$$W = G\frac{m_g M_e}{R_e^2}$$

将两个表示 W 的方程联立起来,得到

$$m_i A = G\frac{m_g M_e}{R_e^2}$$

231 要消除因子 m 的影响就是要假定

$$m_i = m_g$$

这一步还需要进一步分析。m_i 果真等于 m_g 吗?

这两种质量——引力质量和惯性质量——都符合我们关于

“物质的量”的直观概念。对于像铝这样的纯粹物质来说，两种质量都将正比于铝的体积（它将是铝的多少或“量”的一个量度）。概念问题可以说明如下：一个物体对引力场的反应（或其引力质量）等于它对引力和非引力所引起的加速的抵抗（或其惯性质量）是否有任何逻辑理由？事实上，在牛顿物理学或“经典”物理学的框架内，答案毫无疑问是“不”！只有在后牛顿物理学或相对论物理学中，引力质量与惯性质量才必然“等效”。那么牛顿是如何理这个问题的呢？

在给出牛顿的解决方案之前，我们先来看看牛顿物理学极高的思想水平。伽利略关注的是物体的重量，牛顿则引入了一种非常不同的现代质量概念。这个概念是牛顿原创的，虽然也有一些先例可以找到（任何新的科学概念都是如此），比如在开普勒关于“容积”（*moles*）的著作以及惠更斯的某些讨论中。

如果惯性质量与引力质量的等效无法从逻辑中导出，因而不是理论的一个组成部分，那么唯一可以认识它的方式便是通过实验。大约在 1685 年，在完成了《论运动》（*De motu*）的第一版后，牛顿第一次认识到有必要进行这种实验。这个实验将使用两个同样的摆，只是摆锤装有不同的物质；惯性质量与引力质量之比的任何差异都会表现为振动周期的差异。之后不久，在一套“关于物体运动的定义”（*De motu corporum definitiones*）中，他列出了做实验的各种物质：金、银、铅、玻璃、沙子、食盐、水、木头和小麦。在《自然哲学的数学原理》第三卷的原初版本和最终版本中（第三卷的命题 6，《宇宙体系》的第 9 节），牛顿介绍了实验的细节。他制作了两个等长的摆，摆锤呈盒状，中空，其中心可以填充等量的这九种

232

物质。由于这两个摆有相同的摆锤，所以空气阻力的因素相同。他通过数学表明，含有等量这九种物质的摆锤有相同的振动周期，这证明它们的重量与其物质的量成正比。通过简单归纳，牛顿得到了一般规律。

牛顿用重量和质量来描述物质：对牛顿来说，后者是物质的惯性。引力质量和惯性质量这两种表述是在爱因斯坦的相对论著作中引入物理学的。此外，牛顿并没有用我的方式写出这些方程。不过他的确以这些方程用符号表示的方式发展了这一主题。于是，他得出结论说，他的钟摆实验非常准确地表明了长期以来观察到的结果（可以追溯到伽利略"塔"的实验），如果不是由于空气阻力产生了微小的影响，各种重物都会在相等时间内从同一高度落到地上。

牛顿的质量概念之所以非常重要，一个原因就是，质量是物体的一种基本的或永久的属性，而重量却是一种偶然属性。例如，牛顿物理学表明，物体的重量（或地球对物体的拉动）可以随着物体在地球上的位置而改变，重量是地理纬度的一种可以计算的属性。此外，根据平方反比律，物体在外太空的重量会比在地球表面上小。而且，物体在月球表面朝向月球的"重量"将明显不同于它在地球表面的重量。但是，无论物体位于空间中的哪个地方，其质量（根据牛顿物理学）都相同，无论是它的惯性质量（对加速的抵抗）还是引力质量。不仅如此，相对于外太空的物体（太阳、行星、卫星233和恒星），即使它们的"重量"（在地球拉动它们的意义上）并不重要，质量也是一种需要考虑的重要属性。通过把物理学的讨论从重量转到质量，牛顿使我们有可能用一种普遍科学来取代局域的地球科学。

大多数读者都知道，在相对论物理学中，质量不再被认为是物体的一个独立常量。相反，它与物体相对于参照系的速度有关。但对于普通物体（即那些比光速小得多的物体）来说，两者的差别可以忽略不计。

附录16 牛顿提出万有引力的步骤

哈雷来访之后,1684年秋天,牛顿撰写了他的《论运动》,其中证明了以下命题:根据面积定律,椭圆运动要求有一个中央的或向心的平方反比力指向计算相等面积所参照的点。由于行星以太阳为一个焦点沿椭圆轨道运动,而且太阳到行星的连线在任何相等时间内扫过相等的面积,所以牛顿得出结论:(1)必定有一个力从每个行星指向太阳;(2)这种指向太阳的力与距离的平方成反比。他带着发现力的行星定律的自豪感写道,他已经证明:“主要的行星沿着以太阳中心为一个焦点的椭圆运转,[从行星]到太阳所画的半径描出的面积与时间成正比,这与开普勒的假定完全相符……”

事实上,牛顿并没有证明这一命题,这种想法也没有持续很长时间。严格说来,这是错误的。正如牛顿很快就意识到的,行星并非完全按照面积定律沿着以太阳为焦点的单纯的开普勒椭圆轨道运动。实际上,焦点位于公共的质量中心,因为不仅太阳吸引每颗行星,每颗行星也吸引太阳(以及行星彼此吸引)。倘若牛顿已经提出了他的万有引力定律,他就不会提出并认为他已经证明了这一错误的命题。

牛顿很快就弄清楚了,他还没有证明行星完全按照椭圆轨道定律和面积定律运动。他只是发现,开普勒的这两条行星定律仅对于单体“系统”才成立,即单个质点以初始的惯性运动分量在中央力场中运动。他承认,单体系统并不对应于现实世界,而是对应于一种更容易用数学进行研究的人为状况。单体系统将地球归结为质点,将太阳归结为不动的力的中心。

欢呼过早的牛顿忘了考虑我们所说的牛顿第三定律,即每一个作用都必定有一个大小相等、方向相反的作用。换句话说,如果物体A对物体B施加一个力,则物体B必定会对物体A同时施加一个大小相等、方向相反的力。对于太阳和行星(比如地球)来说,这条定律意味着,如果太阳给地球施加一个力,使其保持在轨道上,那么地球也必定给太阳施加一个相等的力。从理论上讲,这两个物体会彼此牵拉,结果是每一个物体都围绕它们公共的重心作轨道运动。由于地球的质量与太阳的质量相比微不足道,所以其公共重心实际上就是太阳的中心,太阳的运动几乎不存在。但对于太阳和太阳系中最大的木星来说,情况就并非如此,对于地球和月球来说也是这样。

在完成了《论运动》第一稿之后,牛顿关于作用和反作用思想的发展列于《自然哲学的数学原理》第一卷的开篇几节。在第11节的引言中,牛顿解释说,他只考虑一种“在现实世界中几乎不存在”的情况,即“物体被引向一个不动中心的运动”。这种情况是人为的,因为“引力通常指向物体,(根据第三运动定律)吸引者和被吸引者的作用总是相互和相等的”。结果是,“如果有两个物体,那么无论是吸引者还是被吸引者,都不可能保持静止”。“这两个物体(根据定律的推论4)会围绕公共的中心旋转,就像受到相互吸引一样。”

236 牛顿已经看到，如果太阳牵引地球，那么地球也必定以相等大小的力牵引太阳。在这个二体系统中，地球并非沿着一个简单的轨道围绕太阳运转，而是太阳和地球都围绕着相互的重心运转。第三运动定律的进一步推论是，每颗行星既是一个引力中心，又是一个被吸引的物体；因此，行星不仅吸引太阳且被太阳所吸引，而且还彼此吸引。牛顿在这里迈出了重大一步，由一个相互作用的二体系统跃入一个相互作用的多体系统。

1684 年 12 月，牛顿完成了《论运动》的修订稿，描述了相互作用的多体系统背景下的行星运动。与早先的草稿不同，修订稿的结论是，“行星既不会完全沿椭圆运动，也不会在同一轨道上旋转两周”。这一结论使牛顿得出了以下结果：“行星运转多少周就有多少条轨道，比如月球的运动，任何行星的轨道都取决于所有行星的联合运动，更不用说所有这些行星都彼此作用了。”他接着写道：“如果我没有说错的话，要想同时考虑运动的所有这些原因，并通过可以作方便计算的精确定律来确定这些运动，的确超出了整个人类的智慧。”

没有文献说明，在写出《论运动》初稿和修订稿之间的一个月左右的时间里，牛顿是如何察觉到行星彼此有引力作用的。然而，前面引述的这段话毫不含糊地表达了这种看法：*eorum omnium actiones in se invicem*（“所有这些彼此之间的作用”）。这种相互吸引的一个推论是，所有三条开普勒定律在物理学世界都不是严格正确的，而只是对一种数学构造才为真，即彼此不发生相互作用的质点围绕着一个力的数学中心或固定的吸引物体运转。牛顿天体动力学的一个革命性特征就是他所做的这样一个区分：一方面是数学领域，其中开普勒定律是真正的定律；另一方面是物理学领域，在其中开普勒定律是只是一些“假说”或近似。

1685 年春，就在修订《论运动》的几个月后，牛顿很快就要完成《自然哲学的数学原理》的初稿。在即将成为另一本书的《宇宙体系》的最初版本中，他阐述了使他想到行星引力相互作用概念的步骤。在这些步骤中，第三运动定律起了主要作用。我们没有理由认为，使他几个月前在修订《论运动》时想出同样概念的不是同样的步骤。

237

以下取自《宇宙体系》初稿的两段话（由 Anne Whitman 和我最近从拉丁文译出）显示了第三运动定律的关键作用：

20. 相似者之间的一致。

既然向心力对被吸引物体的作用在等距离的情况下与该物体中的物质成正比，所以它也有理由与吸引物体中的物质成正比。由于这种作用是相互的，并通过一种相互的努力（根据第三定律）使物体彼此趋近，因此在两个物体中应当相似。我们可以认为一个物体是吸引者，另一个物体是被吸引者，但这种区分更多是数学上的而非自然的。实际上，这种吸引是两个物体中的任何一个对另外一个的吸引，因此对于每一个物体都是同一类型。

21. 以及它们的重合。

因此，在两个物体中可以发现这种吸引力。太阳吸引木星和其他行星，木星吸引它的卫星，同样，卫星也彼此吸引，且吸引木星，所有行星也彼此吸引。虽然两颗行星中一颗对另一颗的作用可以彼此区分开，但就它们在同样两个物体之间而言，它们不是两个终端之间的两种作用，而是一种单纯的作用。两个物体可以通过两者之间同一根绳子的收缩而被拉向对方。这种作用的起因是双重的，即两个物体中每一个的倾向；这种作用也是双重的，因为它作用于两个物体；但就它是在两个物体之间而言，它又是单一的。例如，并不是太阳吸引木星是一种作用，木星吸引太阳又是另一种作用，而是，太阳和木星通过同一种作用努力趋向对方。通过太阳吸引木星的作用，木星和太阳努力趋向对方（根据第三定律），通过木星吸引太阳的作用，木星和太阳也努力趋向对方。不仅如此，太阳并非被一种朝着木星的双重作用所吸引，木星也并非被一种朝着太阳的双重作用所吸引，而是它们之间有同一种作用使之相互趋近。

238

接下来牛顿的结论是，"根据这一定律，所有物体必定彼此吸引"。他自豪地给出了结论，并解释了为什么引力非常小，无法观察到。他写道："只有对于巨大的行星，才可能观察到这些力量。"

《自然哲学的数学原理》第三卷关注的也是宇宙体系，但数学性更强。在这一卷中，牛顿基本上以同样方式讨论了引力主题。

首先，在所谓的月球检验中，他将重力或地球引力扩展到月球，并且表明这种力与距离的平方成反比。然后他将这种地球的力等同于太阳对行星的力以及行星对卫星的力。他现在把所有这些力都称为引力。借助于第三运动定律，他将太阳对行星的力的概念转变为太阳与行星之间的相互作用力。同样，他也把行星对卫星的力的概念转变为行星与卫星以及卫星之间的相互作用力。由最后这种思想转变产生了所有物体都相互吸引这一普遍原理。

我们可以看到，牛顿创造性的想象力是如何引导他走向万有引力概念的。使他得出行星之间相互作用力的论证也可应用于卫星系统、地球和苹果。由于所有苹果既产生引力吸引，又会对引力吸引产生反作用，所以它们必定彼此拉动。最终，这一思路导出了大胆的结论，即宇宙中任何地方的任何两个物体都会彼此产生引力作用。于是，物理学的逻辑在一种创造性数学直觉的指导下，造就了一条适用于天地万物的相互作用力的定律，这条定律在宇宙中任何地方都适用。这种力与距离的平方成反比，与产生吸引的质量成正比：

239

$$F \propto \frac{m_1 m_2}{D^2}$$

或

$$F = G\frac{m_1 m_2}{D^2}$$

其中 m_1 和 m_2 是质量，D 是它们之间的距离，G 是万有引力常数。

这种对牛顿思想阶段的分析不应被视为以任何方式削弱了他创造性天才的非凡力量，而应使这种天才成为可能。这种分析表明了牛顿思考物理学的丰富方式，其中数学被用于外部世界，也被实验和批判性观察所揭示。这种创造性的科学推理模式曾被称为“牛顿风格”，牛顿伟大著作的名称——“自然哲学的数学原理”便是明证。

进一步阅读建议

星号指本书引用过的著作,已获出版社许可。

一般背景和早期科学

Marshall Clagett. *Greek Science in Antiquity*. New York: Abelard-Schuman, 1955. Revised reprint, New York: Collier Books; London: Collier-Macmillan, 1966.

O. Neugebauer. *The Exact Sciences in Antiquity*. Princeton: Princeton University Press, 1952; 2d ed., Providence, R. I.; Brown University Press, 1957; New York: Harper Torchbooks, 1962. Also *Astronomy and History: Selected Essays*. New York and Berlin: Springer-Verlag, 1983.

* Sir Thomas Little Heath. *Aristarchus of Samos, the Ancient Copernicus: A History of Greek Astronomy to Aristarchus*. Oxford: Clarendon Press, 1913.

Edward Grant. *Physical Science in the Middle Ages*. New York and London: John Wiley & Sons, 1971; Cambridge: Cambridge University Press, 1981.

Alistair C. Crombie. *Medieval and Early Modern Science*.

2 vols. 2d ed. Garden City, N. Y.: Doubleday Anchor Books, 1959. Also issued as *Augustine to Galileo*, 1952, 1961, 1979, etc.

科学革命

Marie Boas. *The Scientific Renaissance 1450—1630*. New York: Harper & Brothers, 1962; Harper Torchbooks, 1966.

Herbert Butterfield. *The Origins of Modern Science*. 2d ed. New York: Macmillan Co., 1957.

Richard S. Westfall. *The Construction of Modern Science: Mechanisms and Mechanics*. New York and London: John Wiley & Sons, 1971; Cambridge: Cambridge University Press, 1978.

A. Rupert Hall. *The Scientific Revolution, 1500—1800: The Formation of the Modern Scientific Attitude*. London and New York: Longmans, Green and Co., 1954; Boston: Beacon Press, 1956. 2d ed., 1962. Revised ed., *The Revolution in Science, 1500—1750*. London and New York: Longmans, 1983.

I. Bernard Cohen. *Revolution in Science*. Cambridge, Mass., and London: Harvard University Press, 1985.

天文学和宇宙学

J. L. E. Dreyer. *History of the Planetary Systems from Thales to Kepler*. Cambridge: Cambridge University Press, 1906. Reprint, under new title, *A History of Astronomy from*

Thales to Kepler. New York: Dover Publications, 1953.

Alexandre Koyré. *From the Closed World to the Infinite Universe*. Baltimore: John Hopkins Press, 1957; New York: Harper Torchbooks, 1958.

Thomas S. Kuhn. *The Copernican Revolution: Planetary Astronomy in the Development of Western Thought*. Cambridge, Mass.: Harvard University Press, 1957.

哥白尼的工作

Edward Rosen. *Three Copernican Treatises*. New York: Columbia University Press, 1939. Contains translations of the *Commentariolus* of Copernicus, *Letter against Werner*, and Rheticus's *Narratio prima*, with commentaries and introduction. A third edition, revised, contains a biography of Copernicus plus Copernicus bibliographies 1939—1958 and 1959—1970. New York: Octagon Books, 1971.

Noel M. Swerdlow. "The Derivation and First Draft of Copernicus's Planetary Theory: A Translation of the *Commentariolus* with Commentary." *Proceedings of the American Philosophical Society* 117(1973), 423—512.

Nicholas Copernicus. *On the Revolutions*. Ed. Jerzy Dobrzycki, translation and commentary by Edward Rosen. London: Macmillan; Baltimore: The Johns Hopkins University Press, 1978.

N. M. Swerdlow and O. Neugebauer. *Mathematical As-*

tronomy in Copernicus's De revolutionibus. 2 vols. New York and Berlin: Springer-Verlag, 1984.

伽利略的工作

Marjorie Nicolson. *Science and Imagination*. Ithaca: Cornell University Press, 1956; Hamden, Conn.: Archon Books, 1976. Deals with the effects of the telescope and of the "new astronomy" in general on the imagination and, especially, on English literature.

Ludovico Geymonat. *Galileo Galilei: A Biography and Inquiry into his Philosophy of Science*. Foreword by Giorgio de Santillana. Text translated from the Italian with additional notes and appendix by Stillman Drake. New York and London: Mc Graw-Hill Book Company, 1965.

Ernan Mc Mullin, ed. *Galileo: Man of Science*. New York and London: Basic Books, 1967. Contains articles on various aspects of Galileo's life, work, and influence.

Stillman Drake. *Galileo at Work: His Scientific Biography*. Chicago and London: The University of Chicago Press, 1978.

* Stillman Drake, tr. and ed. *Discoveries and Opinions of Galileo*. Garden City, N. Y.: Doubleday Anchor Books, 1957. Contains translations of Galileo's *The Starry Messenger* (1610), *Letters on Sunspots* [i. e., *History and Demonstrations Concern-*

ing Sunspots and Their Phenomena] (1613), *Letter to the Grand Duchess Christina* (1615), ... with commentaries and introductions.

* Galileo Galilei. *Dialogue Concerning the Two Chief World Systems—Ptolemaic and Copernican*. Translated by Stillman Drake. Berkeley and Los Angeles: University of California Press, 1953. Revised reprint 1962. Another version, *Dialogue on the Great World Systems, in the Salusbury Translation*, 1661. Revised and annotated by Giorgio de Santillana. Chicago: The University of Chicago Press, 1953.

* Galileo Galilei. *Two New Sciences: Including Centers of Gravity and Force of Percussion*. Translated, with introduction and notes, by Stillman Drake. Madison: The University of Wisconsin Press, 1974. An earlier translation, by Henry Crew and Alfonso de Salvio, contains numerous errors and misleading interpretations.

Giorgio de Santillana. *The Crime of Galileo*. Chicago: The University of Chicago Press, 1955.

Jerome J. Langford. *Galileo, Science, and the Church*. Revised edition. Ann Arbor: The University of Michigan Press, 1971.

Winifred L. Wisan. "The New Science of Motion: A Study of Galileo's *De motu locali*." *Archive for History of Exact Sciences* 13(1974), 103—306. Also "Galileo and the Process of Scientific Creation." *Isis* 75(1984), 269—86. Winifred Wisan, like R. Naylor (for whom see Supplement 4, p. 199), interprets Galileo's manuscripts in a way that differs radically from Stillman Drake's readings.

M. Segre. "The Role of Experiment in Galileo's Physics." *Archive for History of Exact Sciences* 23(1980), 227—52. A critical summary of evidence and interpretations.

Albert Van Helden. *The Invention of the Telescope*. Philadelphia: The American Philosophical Society, 1977 (*Transactions of the American Philosophical Society*, vol. 67, pt. 4).

开普勒的工作

Max Caspar. *Kepler*. Translated by C. Doris Hellman. New York and London: Abelard-Schuman, 1959.

Gerald Holton. "Johannes Kepler's Universe: Its Physics and Metaphysics." *American Journal of Physics* 24(1956), 340—51.

Edward Rosen, translator and commentator. *Kepler's Somnium: The Dream, or Posthumous Work on Lunar Astronomy*. Madison, Milwaukee, and London: The University of Wisconsin Press, 1967. *Kepler's Conversation with Galileo's Sidereal Messenger*, with introduction and notes. New York and London: Johnson Reprint Corporation, 1965.

Johannes Kepler. *Mysterium cosmographicum: The Secret*

of the Universe. Translation by A. M. Duncan, introduction and commentary by E. J. Aiton, with a preface by I. Bernard Cohen. New York: Abaris Books, 1981.

Arthur Koestler. *The Watershed: A Biography of Johannes Kepler*. Garden City, N. Y.: Doubleday & Company, Anchor Books, 1960.

Owen Gingerich. "Kepler, Johannes." *Dictionary of Scientific Biography*. Edited by Charles C. Gillispie. Vol. 7. New York: Charles Scribner's Sons, 1973, 289—312.

Arthur Beer and Peter Beer, eds. *Kepler: Four Hundred Years. Proceedings of Conferences Held in Honour of Johannes Kepler. Vistas in Astronomy*, 18. Oxford and New York: Pergamon Press, 1975. A mammoth work (1034 pages), containing extracts, summaries, and articles on every imaginable aspect of Kepler's life, work, and influence; contains three general summary articles: W. Gerlach's "Johannes Kepler—Life, Man and Work" (pp. 73—95), Martha List's "Kepler as a Man" (pp. 97—105), and I. B. Cohen's "Kepler's Century: Prelude to Newton's" (pp. 3—36).

牛顿的生平和工作

R. S. Westfall. *Never at Rest: A Biography of Isaac Newton*. Cambridge, London, and New York: Cambridge University Press, 1980.

Gale E. Christianson. *In the Presence of the Creator: Isaac Newton and His Times*. New York: The Free Press; London: Collier Macmillan Publishers, 1984).

I. Bernard Cohen. *Introduction to Newton's 'Principia'*. Cambridge, Mass.: Harvard University Press; Cambridge: Cambridge University Press, 1971.

I. Bernard Cohen. *The Newtonian Revolution, with Illustrations of the Transformation of Scientific Ideas*. Cambridge, London, and New York: Cambridge University Press, 1980.

Isaac Newton. *Mathematical Principles of Natural Philosophy*. Translated by Andrew Motte (1729). Revised by Florian Cajori. Berkeley: University of California Press, 1934. A new translation by I. Bernard Cohen and Anne Miller Whitman is scheduled for publication in 1986 by Harvard University Press and Cambridge University Press.

Isaac Newton. *Opticks, or a Treatise of the Reflections, Refractions, Inflections & Colours of Light* [1704; 4th ed. 1730]. Reprinted with foreword by Albert Einstein, introduction by Sir Edmund Whittaker, preface by I. Bernard Cohen, and analytical table of Contents by Duane H. D. Roller. New York: Dover Publications, 1952; revised printing 1982. A scholarly edition of the *Opticks* by Henry Guerlac is scheduled for publication by Cornell University Press in 1985.

Isaac Newton's papers and Letters on Natural Philosophy. Edited by I. Bernard Cohen and Robert E. Schofield. Cambridge, Mass.: Harvard University Press, 1958. Revised edition 1978.

补充资料

* The *paradiso* of Dante Alighieri. The Temple Classics. London: J. M. Dent, 1899, 1930.

* M. R. Cohen and I. E. Drabkin. *A Source Book in Greek Science*. Cambridge, Mass.: Harvard University Press, 1958.

* W. K. C. Guthrie, tr. Aristotle's *On the Heavens*. Loeb Classical Library. Cambridge, Mass.: Harvard University Press, 1939.

* E. W. Webster, tr. Aristotle's *Meteorologica*. Oxford: Clarendon Press, 1931. Also in *The Works of Aristotle Tanslated into English*, ed. W. D. Ross, Vol. 3.

* John F. Dobson and Selig Brodetsky, trs. "Preface and Book I" of Copernicus's *De revolutionibus*. *Occasional Notes of the Royal Astronomical Society* 2(1947), 1—32.

* Johannes Kepler. *The Harmonies of the World*, Book 5, translated by Charles Glenn Wallis. Great Books of the Western World, 16. Chicago: Encyclopaedia Britannica, 1952.

* *The Principal Works of Simon Stevin*. Vol. 1. *General Introduction, Mechanics*. Edited by E. J. Dijksterhuis. Amsterdam: C. V. Swets and Zeitlinger, 1955.

索　　引

（索引页码为原书页码，即本书边码）

* 圣罗耀拉的依纳爵(St. Ignatius of Loyola,1491—1556),西班牙耶稣会的创始人。这部著作是讽刺耶稣会士的。——译者注

图书在版编目（CIP）数据

新物理学的诞生 /（美）I. 伯纳德·科恩著；张卜天译. —北京：商务印书馆，2016（2024.12 重印）
（科学史译丛）
ISBN 978-7-100-12405-8

Ⅰ.①新… Ⅱ.①I… ②张… Ⅲ.①物理学史—世界 Ⅳ.①O4-091

中国版本图书馆 CIP 数据核字(2016)第 170566 号

科学史译丛
新物理学的诞生
〔美〕I. 伯纳德·科恩 著
张卜天 译

商务印书馆出版
（北京王府井大街36号 邮政编码100710）
商务印书馆发行
北京中科印刷有限公司印刷
ISBN 978-7-100-12405-8

2016年10月第1版　　开本 880×1230 1/32
2024年12月北京第5次印刷　　印张 9⅜

定价：52.00元

《科学史译丛》书目

第一辑(已出)

文明的滴定:东西方的科学与社会	〔英〕李约瑟
科学与宗教的领地	〔澳〕彼得·哈里森
新物理学的诞生	〔美〕I. 伯纳德·科恩
从封闭世界到无限宇宙	〔法〕亚历山大·柯瓦雷
牛顿研究	〔法〕亚历山大·柯瓦雷
自然科学与社会科学的互动	〔美〕I. 伯纳德·科恩

第二辑(已出)

西方神秘学指津	〔荷〕乌特·哈内赫拉夫
炼金术的秘密	〔美〕劳伦斯·普林西比
近代物理科学的形而上学基础	〔美〕埃德温·阿瑟·伯特
世界图景的机械化	〔荷〕爱德华·扬·戴克斯特豪斯
西方科学的起源(第二版)	〔美〕戴维·林德伯格
圣经、新教与自然科学的兴起	〔澳〕彼得·哈里森

第三辑（已出）

重构世界	〔美〕玛格丽特·J.奥斯勒
世界的重新创造:现代科学是如何产生的	〔荷〕H.弗洛里斯·科恩
无限与视角	〔美〕卡斯滕·哈里斯
人的堕落与科学的基础	〔澳〕彼得·哈里森
近代科学在中世纪的基础	〔美〕爱德华·格兰特
近代科学的建构	〔美〕理查德·韦斯特福尔

第四辑

希腊科学	〔英〕杰弗里·劳埃德
科学革命的编史学研究	〔荷〕H.弗洛里斯·科恩
现代科学的诞生	〔意〕保罗·罗西
雅各布·克莱因思想史文集	〔美〕雅各布·克莱因
通往现代性	〔比〕路易·迪普雷
时间的发现	〔英〕斯蒂芬·图尔敏 〔英〕琼·古德菲尔德